非光滑优化算法

袁功林　盛　洲　著

科学出版社
北京

内 容 简 介

本书旨在系统介绍基于 Moreau–Yosida 正则化的非光滑优化理论与方法，主要内容包括凸集和凸函数的概念、次梯度和 Moreau–Yosida 正则化有关性质；求解非光滑优化问题的束方法，以及牛顿束方法和有限记忆束方法；提出非光滑优化的共轭梯度算法，包括改进的 PRP 算法和改进的 HS 算法以及 Barzilai 和 Borwein（BB）算法，并给出了求解大规模非光滑问题的数值案例，供读者参考；提出非光滑优化的信赖域算法，包括调和信赖域算法和投影梯度信赖域算法在非光滑问题中的应用.

本书可作为应用数学、运筹学与控制论及经济管理有关专业的高年级本科生和研究生教材，同时也可供相关专业的科研工作者进行学术研究参考.

图书在版编目(CIP)数据

非光滑优化算法/袁功林，盛洲著. —北京：科学出版社，2017. 8

ISBN 978-7-03-054088-1

Ⅰ. ①非…　Ⅱ. ①袁…　②盛…　Ⅲ. ①光滑化(数学)　Ⅳ. ①O189

中国版本图书馆 CIP 数据核字（2017）第 186954 号

责任编辑：李　欣／责任校对：彭　涛
责任印制：吴兆东／封面设计：陈　敬

科学出版社 出版
北京东黄城根北街 16 号
邮政编码：100717
http://www.sciencep.com
北京凌奇印刷有限责任公司 印刷
科学出版社发行　各地新华书店经销
*
2017 年 8 月第　一　版　开本：720×1000　1/16
2024 年 2 月第五次印刷　印张：8 1/2
字数：135 000

定价：58.00 元

（如有印装质量问题，我社负责调换）

序　　言

本书包含作者及合作者近几年关于非光滑优化方面的一些最新科研成果，特别是大规模非光滑优化问题，其中利用共轭梯度算法成功求解万维以上的问题，尚属首次，成果也得到国内外同行的关注，2014 年发表在 ESI 期刊 *JCAM* (Top Journal) 上的论文于 2016 年入选了 ESI 全球 Top 0.1%“热点论文”．本书共分 4 章，前两章分别是非光滑基础和束方法，属于非光滑问题基础，第 3 章是共轭梯度法应用于大规模非光滑问题，第 4 章是非光滑问题的信赖域算法．

本书的总体策划、资金筹措和全书总撰工作由袁功林负责，参与编写的人员有：2015 级硕士生李春念和 2014 级硕士生盛洲参与编写第 1 章，第 2 章由 2016 级硕士生胡午杰和 2014 级硕士生盛洲参与完成，第 3 章由 2015 级硕士生王博朋和 2014 级硕士生盛洲参与完成，2014 级硕士生盛洲参与完成第 4 章．在此对他们的辛勤工作表示感谢．本书的顺利出版，感谢作者袁功林的博士生导师华东理工大学鲁习文教授和香港理工大学祁力群教授，他们给予的教诲使我终身受益；广西大学的韦增欣教授是作者袁功林的硕士导师，同样给予了很多的教导和支持；感谢广西大学给予的良好科研环境和广西大学数学与信息科学学院提供的帮助．本书的撰写参阅了许多优秀成果，在此对他们的工作表示感谢；本书撰写不能做到面面俱到，个别基础成果或结论可能会与其他文献有相似之处，也非常感谢相关学者的理解和包容；特别要感谢作者袁功林的爱人李向荣女士对作者多年来工作的理解、支持和鼓励，儿子袁子轩和女儿袁子茜是作者的精神动力和快乐源泉，还要感谢作者的母亲、姐姐、妹妹和哥哥，他们一直默默地支持作者的工作，无怨无悔．感谢国家自然科学基金 (编号：11261006 和 11161003) 和广西自然科学杰出青年基金项目 (编号：

2015GXNSFGA139001) 的资助.

非光滑问题是相对较为困难的问题, 因为其梯度不存在, 所以光滑问题的梯度算法不能直接应用, 往往需要求解次梯度, 而次梯度的计算很烦琐, 因此关于非光滑问题的成果在 20 世纪 90 年代之后的二三十年的时间里, 不是很多. 本书尽量采用较为易懂的方式撰写, 力求让读者比较容易接受. 本书可作为高等院校数学类专业、工科相关专业的研究生教材, 并可供从事科学计算的工程技术人员参考使用. 近年来, 关于非光滑问题的求解又相对火热起来, 也有一些比较好的成果, 本书并没有进行收集, 只是收集与自己相关的资料.

由于作者水平有限, 本书的不妥之处在所难免, 欢迎读者批评和指正.

袁功林

2017 年 5 月

目　　录

第 1 章　非光滑优化基础

1.1　向量和矩阵范数

向量和矩阵范数的概念及其有关理论在最优化算法的收敛性分析中是较为重要的基础内容, 本节将扼要地介绍这些概念与理论.

设 $\Re^n$ 表示 n 维向量空间. 下面给出向量范数的定义:

向量 $\boldsymbol{x} \in \Re^n$ 的范数 $\|\cdot\|$ 是一个非负数, 它必须满足下列条件:

(1) $\|\boldsymbol{x}\| \geqslant 0, \|\boldsymbol{x}\| = 0 \Longleftrightarrow \boldsymbol{x} = \boldsymbol{0}$;

(2) $\|\alpha\boldsymbol{x}\| = |\alpha|\|\boldsymbol{x}\|, \forall\alpha \in \Re$;

(3) $\|\boldsymbol{x}+\boldsymbol{y}\| \leqslant \|\boldsymbol{x}\| + \|\boldsymbol{y}\|$.

这里给出一种特殊的范数, 定义向量范数实 p-范数为

$$\|\boldsymbol{x}\|_p = \left(\sum_{i=1}^{n} |x_i|^p\right)^{\frac{1}{p}}, \quad p \geqslant 1. \tag{1.1}$$

由 p-范数的定义 (1.1), 可以得到下列常用的向量范数:

1-范数: $\|\boldsymbol{x}\|_1 = \sum_{i=1}^{n} |x_i|$;

2-范数: $\|\boldsymbol{x}\|_2 = \left(\sum_{i=1}^{n} |x_i|^2\right)^{\frac{1}{2}}$;

∞-范数: $\|\boldsymbol{x}\|_\infty = \max_{1\leqslant i\leqslant n} |x_i|$.

设 $\Re^{m\times n}$ 表示 $m\times n$ 实矩阵全体所组成的线性空间. 在满足向量范数定义中条件 (1)-(3) 的基础上, 矩阵 $\boldsymbol{A} \in \Re^{m\times n}$ 的范数还需要满足下列乘法性质:

$$\|\boldsymbol{AB}\| \leqslant \|\boldsymbol{A}\|\|\boldsymbol{B}\|, \quad \forall \boldsymbol{A} \in \Re^{m\times n}, \boldsymbol{B} \in \Re^{n\times q}.$$

定义 1.1　称矩阵范数 $\|\cdot\|_v$ 和向量范数 $\|\cdot\|$ 是相容的, 若矩阵范

数 $\|\cdot\|_v$ 相对于向量范数 $\|\cdot\|$ 满足

$$\|\boldsymbol{Ax}\| \leqslant \|\boldsymbol{A}\|_v\|\boldsymbol{x}\|, \quad \forall \boldsymbol{A} \in \Re^{m\times n}, \boldsymbol{x} \in \Re^n.$$

定义 1.2　称矩阵范数 $\|\cdot\|_v$ 为从属于向量范数 $\|\cdot\|$ 的矩阵范数, 若 $\exists \boldsymbol{x} \neq \mathbf{0}$ 使得

$$\|\boldsymbol{A}\|_v = \max_{\boldsymbol{x}\neq\mathbf{0}} \frac{\|\boldsymbol{Ax}\|}{\|\boldsymbol{x}\|} = \max_{\|\boldsymbol{x}\|=1} \|\boldsymbol{Ax}\|.$$

从而, 也可以得到下列常用的矩阵范数:

1-范数 (列和范数): $\|\boldsymbol{A}\|_1 = \max_{1\leqslant j\leqslant n} \sum_{i=1}^m |a_{ij}|$;

∞-范数 (行和范数): $\|\boldsymbol{A}\|_\infty = \max_{1\leqslant i\leqslant m} \sum_{j=1}^n |a_{ij}|$;

2-范数 (谱范数): $\|\boldsymbol{A}\|_2 = \max\{\sqrt{\lambda}|\lambda \in \lambda(\boldsymbol{A}^{\mathrm{T}}\boldsymbol{A})\}$.

本书在各种迭代算法的收敛性分析中, 经常会用到谱范数和 F-范数, 下面给出 F-范数的定义:

$$\|\boldsymbol{A}\|_F = \sqrt{\mathrm{tr}(\boldsymbol{A}^{\mathrm{T}}\boldsymbol{A})}.$$

向量序列和矩阵序列同样具有收敛性, 下面给出基本定义.

定义 1.3　若 $\{\boldsymbol{x}_k\}_{k=1}^\infty \subset \Re^n$, 则

$$\lim_{k\to\infty} \boldsymbol{x}_k = \boldsymbol{x},$$

若 $\{\boldsymbol{A}_k\}_{k=1}^\infty \subset \Re^{m\times n}$, 则

$$\lim_{k\to\infty} \boldsymbol{A}_k = \boldsymbol{A}.$$

向量范数和矩阵范数分别具有下列等价定理.

定理 1.1　(1) 设 $\|\cdot\|$ 和 $\|\cdot\|^*$ 是定义在 $\Re^n$ 上的两个向量范数, 则 $\forall \boldsymbol{x} \in \Re^n$, $\exists a_1 > 0, a_2 > 0$ 满足下列关系式

$$a_1\|\boldsymbol{x}\| \leqslant \|\boldsymbol{x}\|^* \leqslant a_2\|\boldsymbol{x}\|.$$

(2) 设 $\|\cdot\|$ 和 $\|\cdot\|^*$ 是定义在 $\Re^{m\times n}$ 上的两个矩阵范数, 则 $\forall \boldsymbol{A} \in \Re^{m\times n}$, $\exists b_1 > 0, b_2 > 0$ 满足下列关系式

$$b_1\|\boldsymbol{A}\| \leqslant \|\boldsymbol{A}\|^* \leqslant b_2\|\boldsymbol{A}\|.$$

类似定理 1.1, 可以给出向量序列和矩阵序列的收敛性.

定理 1.2 (1) 设 $\{\boldsymbol{x}_k\}$ 为 n 维向量序列, $\|\cdot\|$ 为定义在 $\Re^n$ 上的向量范数, 则

$$\lim_{k\to\infty}\boldsymbol{x}_k=\boldsymbol{x}\Longleftrightarrow\lim_{k\to\infty}\|\boldsymbol{x}_k-\boldsymbol{x}\|=0.$$

(2) 设 $\{\boldsymbol{A}_k\}$ 为 $m\times n$ 维矩阵序列, $\|\cdot\|$ 为定义在 $\Re^{m\times n}$ 上的矩阵范数, 则

$$\lim_{k\to\infty}\boldsymbol{A}_k=\boldsymbol{A}\Longleftrightarrow\lim_{k\to\infty}\|\boldsymbol{A}_k-\boldsymbol{A}\|=0.$$

1.2 凸集和凸函数

凸集和凸函数的概念在最优化理论分析中经常用到, 本节将介绍这些概念, 对于其中的性质和定理的证明过程感兴趣的读者可以参阅 Rockafellar 的专著 [51].

定义 1.4 设集合 $U\subset\Re^n$. 若对任意的 $\boldsymbol{x},\boldsymbol{y}\in U$ 及任意的实数 $\lambda\in[0,1]$, 都有 $\lambda\boldsymbol{x}+(1-\lambda)\boldsymbol{y}\in U$, 则称集合 U 为凸集.

凸集的几何意义是: 对非空集合 $U\in\Re^n$, 若连接其中任意两点的线段仍属于该集合, 则称该集合 U 为凸集. 凸集具有下列基本性质:

性质 1.1 设 U,U_1,U_2 是凸集, $a\in\Re$, 那么

(1) $aU=\{\boldsymbol{x}|\boldsymbol{x}=a\boldsymbol{y},\boldsymbol{y}\in U\}$ 是凸集;

(2) $U_1\cap U_2$ 是凸集;

(3) $U_1+U_2=\{\boldsymbol{x}=\boldsymbol{y}+\boldsymbol{z},\boldsymbol{y}\in U_1,\boldsymbol{z}\in U_2\}$ 是凸集.

n 维欧几里得空间中的 m 个点的凸组合是一个凸集, 即集合

$$\left\{\boldsymbol{x}=\sum_{i=1}^{m}a_i\boldsymbol{x}_i|\boldsymbol{x}_i\in\Re^n,a_i\geqslant 0,\sum_{i=1}^{m}a_i=1\right\}$$

是凸集.

以 $\boldsymbol{x}_0\in\Re^n$ 为起点, $\boldsymbol{d}\in\Re^n\setminus\{\boldsymbol{0}\}$ 为方向的射线

$$a(\boldsymbol{x}_0;\boldsymbol{d})=\{\boldsymbol{x}\in\Re^n|\boldsymbol{x}=\boldsymbol{x}_0+a\boldsymbol{d},a\geqslant 0\}$$

是凸集.

定义 1.5 集合 $U \in \Re^n$ 的凸包是指所有包含 U 的凸集的交集, U_1 为凸集. 记为

$$\mathrm{conv}(U) = \cap_{U \subseteq U_1} U_1.$$

定义 1.6 设非空集合 $U_1 \subset \Re^n$. 若对任意的 $\boldsymbol{x} \in U_1$ 和任意的实数 $\lambda > 0$, 有 $\lambda \boldsymbol{x} \in U_1$, 则称 U_1 为一个锥. 若 U_1 同时也是凸集, 则称 U_1 为一个凸锥. 对于锥 U_1, 若 $\boldsymbol{0} \in U_1$, 则称 U_1 为一个凸锥. 对于 U_1, 若 $\boldsymbol{0} \in U_1$, 则称 U_1 为一个尖锥. 相应地, 包含 $\boldsymbol{0}$ 的凸锥称为尖凸锥.

多面体 $\{\boldsymbol{x} \in \Re^n | \boldsymbol{A}\boldsymbol{x} \geqslant \boldsymbol{0}\}$ 是一个尖凸锥, 称为多面锥.

集合

$$\Re^n_+ = \{\boldsymbol{x} \in \Re^n | x_i \geqslant 0, i = 1, 2, ..., n\}$$

是一个尖凸锥, 称为非负锥. 相应地, 凸锥

$$\Re^n_{++} = \{\boldsymbol{x} \in \Re^n | x_i > 0, i = 1, 2, ..., n\},$$

则称为正锥.

下面定义凸集上的凸函数.

定义 1.7 设函数 $f : U \subset \Re^n \to \Re$, 其中 U 为凸集.

(1) 若对任意的 $\boldsymbol{x}, \boldsymbol{y} \in U$ 及任意的实数 $\lambda \in [0, 1]$, 都有

$$f(\lambda \boldsymbol{x} + (1-\lambda)\boldsymbol{y}) \leqslant \lambda f(\boldsymbol{x}) + (1-\lambda) f(\boldsymbol{y}).$$

则称 f 是 U 上的凸函数.

(2) 若对任意的 $\boldsymbol{x}, \boldsymbol{y} \in U$ 及任意的实数 $\lambda \in (0, 1)$, 其中 $\boldsymbol{x} \neq \boldsymbol{y}$, 都有

$$f(\lambda \boldsymbol{x} + (1-\lambda)\boldsymbol{y}) < \lambda f(\boldsymbol{x}) + (1-\lambda) f(\boldsymbol{y}).$$

则称 f 是 U 上的严格凸函数.

(3) 若对任意的 $\boldsymbol{x}, \boldsymbol{y} \in U$ 及任意的实数 $\lambda \in [0, 1]$, $\exists \alpha > 0$, 都有

$$f(\lambda \boldsymbol{x} + (1-\lambda)\boldsymbol{y}) + \frac{1}{2}\lambda(1-\lambda)\alpha\|\boldsymbol{x} - \boldsymbol{y}\|^2 \leqslant \lambda f(\boldsymbol{x}) + (1-\lambda) f(\boldsymbol{y}).$$

则称 f 是 U 上的一致凸函数.

凸函数具有如下性质:

性质 1.2 设 f_1, f_2, f_3 都是凸集 U 上的凸函数, $a_1 > 0, a_2 > 0, a \in \Re$, 则

(1) $a_1 f_1(\boldsymbol{x}) + a_2 f_2(\boldsymbol{x})$ 也是 U 上的凸函数;

(2) 水平集

$$L_f(a) = \{\boldsymbol{x} | \boldsymbol{x} \in U, f(\boldsymbol{x}) \leqslant a\}$$

是凸集.

下面给出几个利用函数的梯度或 Hessian 阵来判别函数凸性的定理.

定理 1.3 设 f 在凸集 $U \subset \Re^n$ 上一阶连续可微, 则

(1) f 在 U 上为凸函数的充要条件是

$$f(\boldsymbol{x}) \geqslant f(\boldsymbol{y}) + \nabla f(\boldsymbol{y})^{\mathrm{T}}(\boldsymbol{x} - \boldsymbol{y}), \quad \forall \boldsymbol{x}, \boldsymbol{y} \in U;$$

(2) f 在 U 上为严格凸函数的充要条件是当 $\boldsymbol{x} \neq \boldsymbol{y}$ 时,

$$f(\boldsymbol{x}) \geqslant f(\boldsymbol{y}) + \nabla f(\boldsymbol{y})^{\mathrm{T}}(\boldsymbol{x} - \boldsymbol{y}), \quad \forall \boldsymbol{x}, \boldsymbol{y} \in U;$$

(3) f 在 U 上为一致凸函数的充要条件是存在 $a > 0$,

$$f(\boldsymbol{x}) \geqslant f(\boldsymbol{y}) + \nabla f(\boldsymbol{y})^{\mathrm{T}}(\boldsymbol{x} - \boldsymbol{y}) + a\|\boldsymbol{x} - \boldsymbol{y}\|^2, \quad \forall \boldsymbol{x}, \boldsymbol{y} \in U.$$

在一元函数中, 若 $f(x)$ 在区间 (a, b) 上二阶可微且 $f''(x) \geqslant 0 (> 0)$, 则 $f(x)$ 在 (a, b) 内凸 (严格凸). 同样, 也有下列定义.

定义 1.8 设 n 元实函数 f 在凸集 U 上是二阶连续可微的, 若对一切 $\boldsymbol{h} \in \Re^n$, 有 $\boldsymbol{h}^{\mathrm{T}}\nabla^2 f(\boldsymbol{x})\boldsymbol{h} \geqslant 0$, 则称 $\nabla^2 f$ 在点 $\boldsymbol{x}$ 处是半正定的. 若对一切 $\boldsymbol{0} \neq \boldsymbol{h} \in \Re^n$, 有 $\boldsymbol{h}^{\mathrm{T}}\nabla^2 f(\boldsymbol{x})\boldsymbol{h} > 0$, 则称 $\nabla^2 f$ 在点 $\boldsymbol{x}$ 处是正定的. 进一步, 若存在 $c > 0$, 使得对任意的 $\boldsymbol{h} \in \Re^n$, $\boldsymbol{x} \in U$, 有 $\boldsymbol{h}\nabla^2 f(\boldsymbol{x})\boldsymbol{h} \geqslant c\|\boldsymbol{h}\|^2$, 则称 $\nabla^2 f$ 在 U 上是一致正定的.

从而, 可以得到多元函数的关于二阶导数表示凸性的定理.

定理 1.4　设 n 元实函数 f 在凸集 $U \subset \Re^n$ 上二阶连续可微的, 则

(1) f 在 U 上为凸函数的充要条件是 $\nabla^2 f(\boldsymbol{x})$ 对一切 $\boldsymbol{x} \in U$ 半正定;

(2) f 在 U 上为严格凸函数的充分条件是 $\nabla^2 f(\boldsymbol{x})$ 对一切 $\boldsymbol{x} \in U$ 正定;

(3) f 在 U 上为一致凸函数的充要条件是 $\nabla^2 f(\boldsymbol{x})$ 对一切 $\boldsymbol{x} \in U$ 一致正定.

1.3 次 梯 度

由于研究问题是非光滑的, 在算法研究中需要用次梯度的概念. 本节主要介绍这些概念. 在处理非光滑问题时, 得到一个沿着函数递增或递减的方向是比较重要的, 关于次梯度更多的性质和证明过程读者可以参阅文献 [8, 19]. 本节首先介绍方向导数.

定义 1.9　设 $D \subset \Re^n$, $f: D \to \Re$, $\bar{\boldsymbol{x}} \in D$ 和 $\boldsymbol{d}$ 是非零向量, 对 $\lambda > 0$ 且充分小满足 $\bar{\boldsymbol{x}} + \lambda \boldsymbol{d} \in D$, 若下列极限存在

$$f^o(\bar{\boldsymbol{x}}; \boldsymbol{d}) = \lim_{\lambda \to 0^+} \frac{f(\bar{\boldsymbol{x}} + \lambda \boldsymbol{d}) - f(\bar{\boldsymbol{x}})}{\lambda}, \tag{1.2}$$

则称 $f^o(\bar{\boldsymbol{x}}; \boldsymbol{d})$ 为 f 在 $\bar{\boldsymbol{x}}$ 处沿着向量 $\boldsymbol{d}$ 的方向导数.

下面给出凸函数方向导数的存在性定理.

定理 1.5　设 $f: \Re^n \to \Re$ 是凸函数, 对任意的 $\bar{\boldsymbol{x}} \in \Re^n$ 和非零方向 $\boldsymbol{d}$, 方向导数 $f^o(\bar{\boldsymbol{x}}; \boldsymbol{d})$ 在 $\bar{\boldsymbol{x}}$ 处沿着向量 $\boldsymbol{d}$ 存在.

证明　设 $\lambda_1 > \lambda_2 > 0$, 由函数 f 的凸性, 可以得到

$$\begin{aligned} f(\bar{\boldsymbol{x}} + \lambda_2 \boldsymbol{d}) &= f\left(\frac{\lambda_2}{\lambda_1}(\bar{\boldsymbol{x}} + \lambda_1 \boldsymbol{d}) + \left(1 - \frac{\lambda_2}{\lambda_1}\right)\bar{\boldsymbol{x}}\right) \\ &\leqslant \frac{\lambda_2}{\lambda_1} f(\bar{\boldsymbol{x}} + \lambda_1 \boldsymbol{d}) + \left(1 - \frac{\lambda_2}{\lambda_1}\right) f(\bar{\boldsymbol{x}}), \end{aligned}$$

从而,

$$\frac{f(\bar{\boldsymbol{x}} + \lambda_2 \boldsymbol{d}) - f(\bar{\boldsymbol{x}})}{\lambda_2} \leqslant \frac{f(\bar{\boldsymbol{x}} + \lambda_1 \boldsymbol{d}) - f(\bar{\boldsymbol{x}})}{\lambda_1}.$$

因此, $\dfrac{f(\bar{\boldsymbol{x}}+\lambda \boldsymbol{d})-f(\bar{\boldsymbol{x}})}{\lambda}$ 是关于 λ 的单调递增函数. 对任意的 $\lambda \geqslant 0$, 有

$$\begin{aligned} f(\bar{\boldsymbol{x}}) &= f\left(\frac{\lambda}{1+\lambda}(\bar{\boldsymbol{x}}-\boldsymbol{d})+\frac{1}{1+\lambda}(\bar{\boldsymbol{x}}+\lambda \boldsymbol{d})\right) \\ &\leqslant \frac{\lambda}{1+\lambda} f(\bar{\boldsymbol{x}}-\boldsymbol{d})+\frac{1}{1+\lambda} f(\bar{\boldsymbol{x}}+\lambda \boldsymbol{d}), \end{aligned}$$

进而,

$$f(\bar{\boldsymbol{x}})-f(\bar{\boldsymbol{x}}-\boldsymbol{d}) \leqslant \frac{f(\bar{\boldsymbol{x}}+\lambda \boldsymbol{d})-f(\bar{\boldsymbol{x}})}{\lambda},$$

再根据当 $\lambda \rightarrow 0^{+}$ 时, $\dfrac{f(\bar{\boldsymbol{x}}+\lambda \boldsymbol{d})-f(\bar{\boldsymbol{x}})}{\lambda}$ 是关于 λ 的递增函数, 且有 $f(\bar{\boldsymbol{x}})-f(\bar{\boldsymbol{x}}-\boldsymbol{d})$, 因此

$$\lim_{\lambda \rightarrow 0^{+}} \frac{f(\bar{\boldsymbol{x}}+\lambda \boldsymbol{d})-f(\bar{\boldsymbol{x}})}{\lambda}=\inf_{\lambda>0} \frac{f(\bar{\boldsymbol{x}}+\lambda \boldsymbol{d})-f(\bar{\boldsymbol{x}})}{\lambda}.$$

从而, 定理得证. □

定义 1.10 设 $D \subset \Re^{n}$ 是非空凸集, $f: D \rightarrow \Re$ 是凸函数, 若对任意的 $\boldsymbol{x} \in D$ 满足

$$f(\boldsymbol{x})-f(\bar{\boldsymbol{x}}) \geqslant \boldsymbol{\xi}^{\mathrm{T}}(\boldsymbol{x}-\bar{\boldsymbol{x}}). \tag{1.3}$$

则称 $\boldsymbol{\xi}$ 为 f 在 $\bar{\boldsymbol{x}}$ 处的次梯度.

相应地, 若 $f: D \rightarrow \Re$ 是凹函数, 若对任意的 $\boldsymbol{x} \in D$ 满足

$$f(\boldsymbol{x})-f(\bar{\boldsymbol{x}}) \leqslant \boldsymbol{\xi}^{\mathrm{T}}(\boldsymbol{x}-\bar{\boldsymbol{x}}). \tag{1.4}$$

则称 $\boldsymbol{\xi}$ 为 f 在 $\bar{\boldsymbol{x}}$ 处的次梯度.

一般来说, 在 $\bar{\boldsymbol{x}}$ 处 f 的次梯度不止一个, 因此, 将满足式 (1.3) 或 (1.4) 的向量 $\boldsymbol{\xi}$ 的全体构成的集合记为 $\partial f(\bar{\boldsymbol{x}})$, 称之为 f 在点 $\bar{\boldsymbol{x}}$ 处的次微分.

定理 1.6 $f: \Re^{n} \rightarrow \Re$ 在点 $\boldsymbol{x} \in D$ 处的次微分 $\partial f(\boldsymbol{x})$ 为闭凸集.

凸函数的次梯度和方向导数之间存在如下关系.

定理 1.7 设 $f: \Re^{n} \rightarrow \Re$, $\boldsymbol{x} \in D$, 则 $\boldsymbol{\xi} \in \partial f(\boldsymbol{x})$ 的充要条件是对任意的 $\boldsymbol{d} \in \Re^{n}$ 满足

$$f^{o}(\boldsymbol{x}; \boldsymbol{d}) \geqslant \langle\boldsymbol{\xi}, \boldsymbol{d}\rangle. \tag{1.5}$$

下面次梯度的存在性定理可以由定理 1.7 得到.

定理 1.8　设 $f:\Re^n\to\Re$, $\boldsymbol{x}\in D$, 则 $\partial f(\boldsymbol{x})\neq\varnothing$ 的充要条件是对任意的 $\boldsymbol{y}\in\Re^n$, $\exists a>0$, 使得

$$f(\boldsymbol{y})-f(\boldsymbol{x})\geqslant -a\|\boldsymbol{y}-\boldsymbol{x}\|. \tag{1.6}$$

证明　假设 $\exists\boldsymbol{\xi}\in\partial f(\boldsymbol{x})$. 由式 (1.3) 和 Cauchy-Schwarz 不等式, 对任意的 $\boldsymbol{x},\boldsymbol{y}\in\Re^n$ 有

$$f(\boldsymbol{y})-f(\boldsymbol{x})\geqslant -\|\boldsymbol{\xi}\|\|\boldsymbol{y}-\boldsymbol{x}\|. \tag{1.7}$$

当 $\boldsymbol{\xi}=\boldsymbol{0}$ 时, 式 (1.6) 对任意的 $a>0$ 均成立. 当 $\boldsymbol{\xi}\neq\boldsymbol{0}$ 时, 记 $a=\|\boldsymbol{\xi}\|$, 则得到式 (1.6). 假设 $\partial f(\boldsymbol{x})=\varnothing$, 则 $\exists\boldsymbol{d}\in\Re^n$ 使得 $f^o(\boldsymbol{x};\boldsymbol{d})=-\infty$ 且 $\|\boldsymbol{d}\|=1$. 取 $\boldsymbol{y}=\boldsymbol{x}+t\boldsymbol{d}$, 并令 t 单调递减趋近于 0, 那么

$$\frac{f(\boldsymbol{y})-f(\boldsymbol{x})}{\|\boldsymbol{y}-\boldsymbol{x}\|}=\frac{f(\boldsymbol{x}+t\boldsymbol{d})-f(\boldsymbol{x})}{t}\to-\infty.$$

从而, 不存在 $a>0$ 满足式 (1.6), 与定理条件矛盾, 假设不成立. 因此, 定理得证. □

当所有 $f_i, i=1,2,\ldots$ 均在 $\boldsymbol{x}$ 处可微时, 则

$$\partial f(\boldsymbol{x})=\mathrm{conv}\{\nabla f_i(\boldsymbol{x})|i=1,2,\ldots\}. \tag{1.8}$$

例 1.1　定义如下函数 $f:\Re^3\to\Re$: $f(\boldsymbol{x})=\min\{-x_1-x_2+x_3, x_1-x_3, x_2-x_3\}$, 那么利用式 (1.8), f 在点 $\boldsymbol{x}_0=(0,0,0)^{\mathrm{T}}$ 处的次微分为

$$\partial f(\boldsymbol{x}_0)=\mathrm{conv}\{(-1,-1,1)^{\mathrm{T}},(1,0,-1)^{\mathrm{T}},(0,1,-1)^{\mathrm{T}}\}.$$

下面定理说明了 $\partial f(\boldsymbol{x})$ 作为映射具有连续性.

定理 1.9　设 $f:\Re^n\to\Re$ 为凸函数, 给定满足 $\boldsymbol{x}_k\to\boldsymbol{x}$ 的点列 $\{\boldsymbol{x}_k\}\subseteq\Re^n$, 若 $\boldsymbol{\xi}_k\in\partial f(\boldsymbol{x}_k)$ 且 $\boldsymbol{\xi}_k\to\boldsymbol{\xi}$, 则有 $\boldsymbol{\xi}\in\partial f(\boldsymbol{x})$.

1.4 Moreau-Yosida 正则化

考虑非光滑最优化问题

$$\min_{\boldsymbol{x}\in\Re^n} f(\boldsymbol{x}), \tag{1.9}$$

其中 $f:\Re^n\to\Re$ 为非光滑凸函数. 利用 Moreau-Yosida 正则化函数,

$$F(\boldsymbol{x})=\min_{\boldsymbol{z}\in\Re^n}\left\{f(\boldsymbol{z})+\frac{1}{2\lambda}\|\boldsymbol{z}-\boldsymbol{x}\|^2\right\}, \tag{1.10}$$

其中 $F:\Re^n\to\Re$ 是 f 的 Moreau-Yosida 正则化函数, $\lambda>0$ 是一个参数, $\|\cdot\|$ 表示欧氏范数. $F(\boldsymbol{x})$ 具有一些很好的性质, 见文献 [3, 10, 29]. 则得到与 (1.9) 等价的优化问题

$$\min_{\boldsymbol{x}\in\Re^n} F(\boldsymbol{x}). \tag{1.11}$$

令

$$\theta(\boldsymbol{z})=f(\boldsymbol{z})+\frac{1}{2\lambda}\|\boldsymbol{z}-\boldsymbol{x}\|^2, \tag{1.12}$$

并定义 $\boldsymbol{p}(\boldsymbol{x})=\arg\min\limits_{\boldsymbol{z}\in\Re^n}\theta(\boldsymbol{z})$. 结合 (1.10), $F(\boldsymbol{x})$ 可以表示为

$$F(\boldsymbol{x})=f(\boldsymbol{p}(\boldsymbol{x}))+\frac{1}{2\lambda}\|\boldsymbol{p}(\boldsymbol{x})-\boldsymbol{x}\|^2, \tag{1.13}$$

记 $\boldsymbol{g}$ 是 F 的梯度, 它具有较好的性质. $F(\boldsymbol{x})$ 的广义 Jacobi 矩阵和 BD-正则性质可以分别参见文献 [6, 48].

性质 1.3 (1) 函数 F 是有界凸的且处处可微,

$$\boldsymbol{g}(\boldsymbol{x})=\nabla F(\boldsymbol{x})=\frac{\boldsymbol{x}-\boldsymbol{p}(\boldsymbol{x})}{\lambda}, \tag{1.14}$$

此处, 梯度 $\boldsymbol{g}:\Re^n\to\Re^n$ 是满足模长为 λ 的 Lipschitz 连续函数,

$$\|\boldsymbol{g}(\boldsymbol{x})-\boldsymbol{g}(\boldsymbol{y})\|\leqslant\frac{1}{\lambda}\|\boldsymbol{x}-\boldsymbol{y}\|,\quad\forall\boldsymbol{x},\boldsymbol{y}\in\Re^n. \tag{1.15}$$

(2) $\boldsymbol{x}$ 是问题 (1.10) 的最优解, 当且仅当 $\nabla F(\boldsymbol{x})=0$, 即 $\boldsymbol{p}(\boldsymbol{x})=\boldsymbol{x}$.

显然, 在求解 $f(\boldsymbol{x})$ 的最优解即 $\arg\min\limits_{\boldsymbol{z}\in\Re^n}\theta(\boldsymbol{z})$ 的过程中可以得到 $F(\boldsymbol{x})$ 和 $\boldsymbol{g}(\boldsymbol{x})$. 但解出 $\theta(z)$ 的最小值 $\boldsymbol{p}(\boldsymbol{x})$ 是非常困难的, 甚至是不可能的. 因此, 不能用 $\boldsymbol{p}(\boldsymbol{x})$ 的精确值来定义 $F(\boldsymbol{x})$ 和 $\boldsymbol{g}(\boldsymbol{x})$. 幸运的是, 对于每一个 $\boldsymbol{x}\in\Re^n$ 和任意的 $\varepsilon>0$，存在一个向量 $\boldsymbol{p}^\alpha(\boldsymbol{x},\varepsilon)\in\Re^n$ 满足

$$f(\boldsymbol{p}^\alpha(\boldsymbol{x},\varepsilon))+\frac{1}{2\lambda}\|\boldsymbol{p}^\alpha(\boldsymbol{x},\varepsilon)-\boldsymbol{x}\|^2\leqslant F(\boldsymbol{x})+\varepsilon,\tag{1.16}$$

因此, 当 ε 很小时, 可以用 $\boldsymbol{p}^\alpha(\boldsymbol{x},\varepsilon)$ 分别定义 $F(\boldsymbol{x})$ 和 $\boldsymbol{g}(\boldsymbol{x})$, 具体如下:

$$F^\alpha(\boldsymbol{x},\varepsilon)=f(\boldsymbol{p}^\alpha(\boldsymbol{x},\varepsilon))+\frac{1}{2\lambda}\|\boldsymbol{p}^\alpha(\boldsymbol{x},\varepsilon)-\boldsymbol{x}\|^2,\tag{1.17}$$

$$\boldsymbol{g}^\alpha(\boldsymbol{x},\varepsilon)=\frac{\boldsymbol{x}-\boldsymbol{p}^\alpha(\boldsymbol{x},\varepsilon)}{\lambda}.\tag{1.18}$$

一些计算不可微凸函数 $\boldsymbol{p}^\alpha(\boldsymbol{x},\varepsilon)$ 的算法可参考见文献 [18]. 下面给出一些 $F^\alpha(\boldsymbol{x},\varepsilon)$ 和 $\boldsymbol{g}^\alpha(\boldsymbol{x},\varepsilon)$ 的性质.

性质 1.4 $\boldsymbol{p}^\alpha(\boldsymbol{x},\varepsilon)$ 是一个向量且满足 (1.16), $F^\alpha(\boldsymbol{x},\varepsilon)$ 和 $\boldsymbol{g}^\alpha(\boldsymbol{x},\varepsilon)$ 分别由 (1.17) 和 (1.18) 定义给出, 可以得到

$$F(\boldsymbol{x})\leqslant F^\alpha(\boldsymbol{x},\varepsilon)\leqslant F(\boldsymbol{x})+\varepsilon,\tag{1.19}$$

$$\|\boldsymbol{p}^\alpha(\boldsymbol{x},\varepsilon)-\boldsymbol{p}(\boldsymbol{x})\|\leqslant\sqrt{2\lambda\varepsilon},\tag{1.20}$$

$$\|\boldsymbol{g}^\alpha(\boldsymbol{x},\varepsilon)-\boldsymbol{g}(\boldsymbol{x})\|\leqslant\sqrt{\frac{2\varepsilon}{\lambda}}.\tag{1.21}$$

由性质 1.4 可以得到 $F^\alpha(\boldsymbol{x},\varepsilon)$ 和 $\boldsymbol{g}^\alpha(\boldsymbol{x},\varepsilon)$ 的近似值. 通过令参数 $\varepsilon\to 0$, 使得 $F^\alpha(\boldsymbol{x},\varepsilon)$ 和 $\boldsymbol{g}^\alpha(\boldsymbol{x},\varepsilon)$ 会尽可能地接近 $F(\boldsymbol{x})$ 和 $\boldsymbol{g}(\boldsymbol{x})$.

性质 1.5 令 $\boldsymbol{x}_k\subset\operatorname{dom}f$ 且定义如下:

$$\boldsymbol{x}_{k+1}=\boldsymbol{x}_k-\alpha_k\boldsymbol{v}_k,\quad k=1,2,\cdots,\tag{1.22}$$

其中步长 $\alpha_k>0$, $\boldsymbol{v}_k$ 是在 $\boldsymbol{x}_k$ 处的近似次梯度, 即

$$\boldsymbol{v}_k\in\partial_{\varepsilon_k}f(\boldsymbol{x}_k),\quad k=1,2,\cdots,\tag{1.23}$$

(1) 如果 υ_k 满足

$$\upsilon_k \in \partial f(\boldsymbol{x}_{k+1}), \quad k = 1, 2, \ldots, \tag{1.24}$$

则 (1.23) 成立, 其中

$$\varepsilon_k = f(\boldsymbol{x}_k) - f(\boldsymbol{x}_{k+1}) - \alpha_k \|\boldsymbol{\upsilon}_k\|^2 \geqslant 0. \tag{1.25}$$

(2) 反之, 如果 (1.23) 成立, ε_k 由 (1.25) 定义, 则 (1.24) 成立, 即 $\boldsymbol{x}_{k+1} = \boldsymbol{p}^\alpha(\boldsymbol{x}_k, \varepsilon_k)$.

1.5 非光滑优化问题

本节首先给出一些小规模非光滑优化问题, 其中 $\boldsymbol{x}_0$ 是测试问题的初始点, $f_{\text{ops}}(\boldsymbol{x})$ 是对应测试问题的最优解.

问题 1 Rosenbrock[41]

$$f(\boldsymbol{x}) = 100(x_2 - x_1^2)^2 + (1 - x_1)^2,$$

$$\boldsymbol{x}_0 = (-1.2, 1.0)^{\mathrm{T}}, \quad f_{\text{ops}}(\boldsymbol{x}) = 0.$$

问题 2 Crescent[41]

$$f(\boldsymbol{x}) = \max\{x_1^2 + (x_2 - 1)^2 + x_2 - 1,\ -x_1^2 - (x_2 - 1)^2 + x_2 + 1\},$$

$$\boldsymbol{x}_0 = (-1.5, 2.0)^{\mathrm{T}}, \quad f_{\text{ops}}(\boldsymbol{x}) = 0.$$

问题 3 CB2[7]

$$f(\boldsymbol{x}) = \max\{x_1^2 + x_2^4,\ (2 - x_1)^2 + (2 - x_2)^2, 2e^{-x_1 + x_2}\},$$

$$\boldsymbol{x}_0 = (1.0, -1.0)^{\mathrm{T}}, \quad f_{\text{ops}}(\boldsymbol{x}) = 1.9522245.$$

问题 4 CB3[7]

$$f(\boldsymbol{x}) = \max\{x_1^4 + x_2^2,\ (2 - x_1)^2 + (2 - x_2)^2, 2e^{-x_1 + x_2}\},$$

$$x_0 = (2,2)^{\mathrm{T}}, \quad f_{\mathrm{ops}}(x) = 2.0.$$

问题 5 DEM[13]

$$f(x) = \max\{5x_1 + x_2,\ -5x_1 + x_2, x_1^2 + x_2^2 + 4x_2\},$$

$$x_0 = (1,1)^{\mathrm{T}}, \quad f_{\mathrm{ops}}(x) = -3.$$

问题 6 QL[55]

$$f(x) = \max_{1 \leqslant i \leqslant 3} f_i(x),$$

$$f_1(x) = x_1^2 + x_2^2,$$

$$f_2(x) = x_1^2 + x_2^2 + 10(-4x_1 - x_2 + 4),$$

$$f_3(x) = x_1^2 + x_2^2 + 10(-x_1 - 2x_2 + 6),$$

$$x_0 = (-1,5)^{\mathrm{T}}, \quad f_{\mathrm{ops}}(x) = 7.2.$$

问题 7 LQ[55]

$$f(x) = \max\{-x_1 - x_2,\ -x_1 - x_2 + x_1^2 + x_2^2 - 1\},$$

$$x_0 = (-0.5,-0.5)^{\mathrm{T}}, \quad f_{\mathrm{ops}}(x) = -1.4142136.$$

问题 8 Mifflin 1[22]

$$f(x) = -x_1 + 20\max\{x_1^2 + x_2^2, 0\},$$

$$x_0 = (0.8,0.6)^{\mathrm{T}}, \quad f_{\mathrm{ops}}(x) = -1.0.$$

问题 9 Mifflin 2[22]

$$f(x) = -x_1 + 2(x_1^2 + x_2^2 - 1) + 1.75|x_1^2 + x_2^2 - 1|,$$

$$x_0 = (-1,-1)^{\mathrm{T}}, \quad f_{\mathrm{ops}}(x) = -1.0.$$

问题 10 Rosen-Suzuki[41]

$$f(x) = \max\{f_1(x), f_1(x) + 10f_2(x), f_1(x) + 10f_3(x), f_1(x) + 10f_4(x)\},$$

$$f_1(\boldsymbol{x}) = x_1^2 + x_2^2 + 2x_3^2 + x_4^2 - 5x_1 - 5x_2 - 21x_3 + 7x_4,$$

$$f_2(\boldsymbol{x}) = x_1^2 + x_2^2 + x_3^2 + x_4^2 + x_1 - x_2 + x_3 - x_4 - 8,$$

$$f_3(\boldsymbol{x}) = x_1^2 + 2x_2^2 + x_3^2 + 2x_4^2 - x_1 - x_4 - 10,$$

$$f_4(\boldsymbol{x}) = x_1^2 + x_2^2 + x_3^2 + 2x_1 - x_2 - x_4 - 5,$$

$$\boldsymbol{x}_0 = (0, 0, 0, 0)^{\mathrm{T}}, \quad f_{\mathrm{ops}}(\boldsymbol{x}) = -44.$$

问题 11 Shor[52]

$$f(\boldsymbol{x}) = \max\left\{b_i \sum_{j=1}^{5} (x_j - a_{ij})^2\right\},$$

$$\boldsymbol{A} = \begin{bmatrix} 0 & 0 & 0 & 0 & 0 \\ 2 & 1 & 1 & 1 & 3 \\ 1 & 2 & 1 & 1 & 2 \\ 1 & 4 & 1 & 2 & 2 \\ 3 & 2 & 1 & 0 & 1 \\ 0 & 2 & 1 & 0 & 1 \\ 1 & 1 & 1 & 1 & 1 \\ 1 & 0 & 1 & 2 & 1 \\ 0 & 0 & 2 & 1 & 0 \\ 1 & 1 & 2 & 0 & 0 \end{bmatrix},$$

$$\boldsymbol{x}_0 = (0, 0, 0, 0, 1)^{\mathrm{T}}, \quad f_{\mathrm{ops}}(\boldsymbol{x}) = 22.600162.$$

问题 12 Colville 1[2]

$$f(\boldsymbol{x}) = \sum_{j=1}^{5} d_j x_j^3 + \sum_{i=1}^{5} \sum_{j=1}^{5} c_{ij} x_i x_j + \sum_{j=1}^{5} e_j x_j$$
$$+ 50 \max\left\{0, \max_{1 \leqslant i \leqslant 10} \left(b_i - \sum_{j=1}^{5} a_{ij} x_j\right)\right\},$$

$$
\boldsymbol{A}=\begin{bmatrix}
-16 & 2 & 0 & 1 & 0\\
0 & -2 & 0 & 4 & 2\\
-3.5 & 0 & 2 & 0 & 0\\
0 & -2 & 0 & -4 & -1\\
0 & -9 & -2 & 1 & -2.8\\
2 & 0 & -4 & 0 & 0\\
-1 & -1 & -1 & -1 & -1\\
-1 & -2 & -3 & -2 & -1\\
1 & 2 & 3 & 4 & 5\\
1 & 1 & 1 & 1 & 1
\end{bmatrix},
$$

$$
\boldsymbol{b}=\begin{bmatrix}
-40\\ -2\\ -0.25\\ -4\\ -4\\ -1\\ -40\\ -60\\ 5\\ 1
\end{bmatrix},
$$

$$
\boldsymbol{C}=\begin{bmatrix}
30 & -20 & -10 & 32 & -10\\
-20 & 39 & -6 & -31 & 32\\
-10 & -6 & 10 & -6 & -10\\
32 & -31 & -6 & 39 & -20\\
-10 & 32 & -10 & -20 & 30
\end{bmatrix},
$$

$$
\boldsymbol{d}=\begin{bmatrix}
4\\ 8\\ 10\\ 6\\ 2
\end{bmatrix},
$$

$$x_0 = (0,0,0,0,1)^{\mathrm{T}}, \quad f_{\mathrm{ops}}(x) = -32.348679.$$

问题 13 Wolfe[38]

$$f(x) = 5\sqrt{9x_1^2 + 16x_2^2}, \quad 当 x_1 \geqslant |x_2|,$$

$$f(x) = 9x_1 + 16|x_2|, \quad 当 0 < x_1 \geqslant |x_2|,$$

$$f(x) = 9x_1 + 16|x_2| - x_1^9, \quad 当 x_1 \leqslant 0,$$

$$x_0 = (3,2)^{\mathrm{T}}, \quad f_{\mathrm{ops}}(x) = -8.$$

问题 14 Mxhilb[34]

$$f(x) = \max_{1\leqslant i\leqslant 50} \left| \sum_{j=1}^{50} \frac{x_j}{i+j-1} \right|,$$

$$x_0 = (1,1,\ldots,1)^{\mathrm{T}}, \quad f_{\mathrm{ops}}(x) = 0.$$

问题 15 L1hilb[34]

$$f(x) = \sum_{i=1}^{50} \left| \sum_{j=1}^{50} \frac{x_j}{i+j-1} \right|,$$

$$x_0 = (1,1,\ldots,1)^{\mathrm{T}}, \quad f_{\mathrm{ops}}(x) = 0.$$

问题 16 HS78[30]

$$f(x) = x_1x_2x_3x_4x_5 + 10\sum_{i=1}^{2} |f_i(x)|,$$

其中

$$f_1(x) = x_1^2 + x_2^2 + x_3^2 + x_4^2 + x_5^2 - 10,$$

$$f_2(x) = x_2x_3 - 5x_4x_5,$$

$$f_3(x) = x_1^3 + x_2^3 + 1,$$

$$x_0 = (-2.0, 1.5, 2.0, -1.0, -1.0)^{\mathrm{T}}, \quad f_{\mathrm{ops}}(x) = -2.9197004.$$

下面给出一些大规模非光滑优化问题, 其中 n 是问题维数, 读者在测试时可以设定维数.

问题 17 Generalization of MAXQ[23]

$$f(\boldsymbol{x}) = \max_{1\leqslant i\leqslant n} x_i^2,$$

$$\boldsymbol{x}_0(i) = i, \quad 当 i = 1, ..., \frac{n}{2};$$

$$\boldsymbol{x}_0(i) = -i, \quad 当 i = \frac{n}{2}+1, ..., n,$$

$$f_{\text{ops}}(\boldsymbol{x}) = 0.$$

问题 18 Generalization of MXHILB[23]

$$f(\boldsymbol{x}) = \max_{1\leqslant i\leqslant n} \left| \sum_{j=1}^{n} \frac{x_j}{i+j-1} \right|,$$

$$\boldsymbol{x}_0 = (1, 1, ..., 1)^{\mathrm{T}},$$

$$f_{\text{ops}}(\boldsymbol{x}) = 0.$$

问题 19 Chained LQ[23]

$$f(\boldsymbol{x}) = \sum_{i=1}^{n-1} \max\{-x_i - x_{i+1}, -x_i x_{i+1} + (x_i^2 + x_{i+1}^2 - 1)\},$$

$$\boldsymbol{x}_0 = (-0.5, -0.5, ..., -0.5)^{\mathrm{T}},$$

$$f_{\text{ops}}(\boldsymbol{x}) = -\sqrt{2}(n-1).$$

问题 20 Number of active faces[21]

$$f(\boldsymbol{x}) = \max_{1\leqslant i\leqslant n} \{g(-\sum_{i=1}^{n} x_i), g(x_i)\},$$

其中

$$g(y) = \ln(|y| + 1),$$

$$\boldsymbol{x}_0 = (1, 1, ..., 1)^{\mathrm{T}},$$

$$f_{\text{ops}}(\boldsymbol{x}) = 0.$$

问题 21 Nonsmooth generalization of Brown function 2[23]

$$f(\boldsymbol{x}) = \sum_{i=1}^{n-1}\left(|x_i|^{x_{i+1}^2+1} + |x_{i+1}|^{x_i^2+1}\right),$$

$$\boldsymbol{x}_0(i) = 1, \quad 当\text{mod}(i,2) = 0, i = 1, 2, ..., n;$$

$$\boldsymbol{x}_0(i) = -1, \quad 当\text{mod}(i,2) = 1, i = 1, 2, ..., n,$$

$$f_{\text{ops}}(\boldsymbol{x}) = 0.$$

问题 22 Chained Mifflin 2[23]

$$f(\boldsymbol{x}) = \sum_{i=1}^{n-1}(-x_i + 2(x_i^2 + x_{i+1}^2 - 1) + 1.75|x_i^2 + x_{i+1}^2 - 1|),$$

$$\boldsymbol{x}_0 = (1, 1, ..., 1)^{\mathrm{T}},$$

$$f_{\text{ops}}(\boldsymbol{x}) \text{ 不定}.$$

问题 23 Chained crescent I[23]

$$f(\boldsymbol{x}) = \max\left\{\sum_{i=1}^{n-1}(x_i^2 + (x_{i+1} - 1), \sum_{i=1}^{n-1}(-x_i^2 - (x_{i+1} - 1)^2 + x_{i+1} + 1)\right\},$$

$$\boldsymbol{x}_0(i) = 2, \quad 当\text{mod}(i,2) = 0, i = 1, 2, ..., n;$$

$$\boldsymbol{x}_0(i) = -1.5, \quad 当\text{mod}(i,2) = 1, i = 1, 2, ..., n,$$

$$f_{\text{ops}}(\boldsymbol{x}) = 0.$$

问题 24 Chained crescent II[23]

$$f(\boldsymbol{x}) = \sum_{i=1}^{n-1}\max\left\{x_i^2 + (x_{i+1} - 1, -x_i^2 - (x_{i+1} - 1)^2 + x_{i+1} + 1\right\},$$

$$\boldsymbol{x}_0(i) = 2, \quad 当\text{mod}(i,2) = 0, i = 1, 2, ..., n;$$

$$\boldsymbol{x}_0(i) = -1.5, \quad 当\text{mod}(i,2) = 1, i = 1, 2, ..., n,$$

$$f_{\text{ops}}(\boldsymbol{x}) = 0.$$

问题 25　Chained CB3 I[23]

$$f(\boldsymbol{x}) = \sum_{i=1}^{n-1} \max\{x_i^4 + x_{i+1}^2, (2 - x_i)^2 + (2 - x_{i+1})^2, 2\exp^{-x_i + x_{i+1}}\},$$

$$\boldsymbol{x}_0(i) = 2, \quad i = 1, 2, ..., n;$$

$$f_{\text{ops}}(\boldsymbol{x}) = 2(n-1).$$

问题 26　Chained CB3 II[23]

$$f(\boldsymbol{x}) = \max\left\{ \sum_{i=1}^{n-1}(x_i^4 + x_{i+1}^2), \sum_{i=1}^{n-1}((2 - x_i)^2 + (2 - x_{i+1})^2), \sum_{i=1}^{n-1}(2\exp^{-x_i + x_{i+1}}) \right\},$$

$$\boldsymbol{x}_0(i) = 2, \quad i = 1, 2, ..., n;$$

$$f_{\text{ops}}(\boldsymbol{x}) = 2(n-1).$$

第2章　束　方　法

2.1　Newton 束方法

本节内容来自文献 [38]. 考虑问题

$$\min_{\boldsymbol{x}\in\Re^n} f(\boldsymbol{x}),$$

其中 $f:\Re^n\to\Re$. 首先, 假定可以计算出给定点的函数值, 其定义域是连续区域构成的，在定义域内的点处梯度和 Hessian 矩阵都是存在的. 记 $g(\boldsymbol{y})$ 为在点 $\boldsymbol{y}$ 处的任意一个次梯度, 即 $g(\boldsymbol{y})\in\partial f(\boldsymbol{y})$, 见文献 [38], 并且记 Hessian 矩阵为 $G(\boldsymbol{y})$. 若函数 f 在点 $\boldsymbol{y}$ 二阶不可微, 基于无限逼近的思想来寻找 $\boldsymbol{y}$ 处的近似次梯度和 Hessian 矩阵，分别记为 $g(\boldsymbol{y})$ 和 $G(\boldsymbol{y})$. 特别地, 若 f 为凸函数, 则对于除了零 Lebesgue 度量之外的所有变量 $\boldsymbol{y}$, 函数 f 在 $\boldsymbol{y}$ 可微且在其邻域内有二阶近似.

本节给出的算法基于切割平面模型[32]. 在算法 2.1 的第 k 步, 向量 $\boldsymbol{x}_1, \boldsymbol{x}_2,\ldots,\boldsymbol{x}_k$ 为迭代点, $\boldsymbol{y}_1,\boldsymbol{y}_2,\ldots,\boldsymbol{y}_k$ 为已经生成的试验点，这些试验点所对应的函数值分别为 $f(\boldsymbol{y}_1)$, $f(\boldsymbol{y}_2)$, $\ldots$, $f(\boldsymbol{y}_k)$, 次梯度分别为 $\boldsymbol{g}_1,\boldsymbol{g}_2,\ldots,\boldsymbol{g}_k\in\partial f(\boldsymbol{y}_k)$, 相关矩阵分别为 $\boldsymbol{G}_1=\boldsymbol{G}(\boldsymbol{y}_1),\ldots,\boldsymbol{G}_k=\boldsymbol{G}(\boldsymbol{y}_k)$ 和阻尼系数 $\varrho_j\in[0,1], j=1,\ldots,k$. 基于公式

$$f_j^\sharp(\boldsymbol{x})=f(\boldsymbol{y}_j)+\boldsymbol{g}_j^{\mathrm{T}}(\boldsymbol{x}-\boldsymbol{y}_j)+\frac{1}{2}\varrho_j(\boldsymbol{x}-\boldsymbol{y}_j)^{\mathrm{T}}\boldsymbol{G}_j(\boldsymbol{x}-\boldsymbol{y}_j) \tag{2.1}$$

来定义函数 f 在 $\boldsymbol{y}_j$ 处的二次近似. 选择一些指标集合 $J_k\subset\{1,\ldots,k\}$, 定义如下的分段二次函数

$$f_k^{\square}=\max\{f_j^\sharp(\boldsymbol{x}),|j\in J_k\}. \tag{2.2}$$

不难发现, 该模型的最小化问题等价于非线性最优化问题

$$\begin{aligned}&\min_{(\boldsymbol{x},z)\in\Re^{n+1}} \quad z\\ &\text{s.t.} \quad f_j^\sharp(\boldsymbol{x})\leqslant z, \quad j\in J_k.\end{aligned}\tag{2.3}$$

上述问题可以采用序列二次规划方法 (SQP) 解决, 其收敛速度为二次收敛. SQP 方法的迭代步骤可以写成如下二次规划 (QP) 问题.

$$\begin{aligned}&\min_{(\boldsymbol{x},z)\in\Re^{n+1}} \quad z+\frac{1}{2}(\boldsymbol{x}-\boldsymbol{x}_k)^{\mathrm{T}}\boldsymbol{W}_k(\boldsymbol{x}-\boldsymbol{x}_k)\\ &\text{s.t.} \quad f_j^\sharp(\boldsymbol{x}_k)+\boldsymbol{g}_j^\sharp(\boldsymbol{x}_j)^{\mathrm{T}}(\boldsymbol{x}-\boldsymbol{x}_k)\leqslant z, \quad j\in J_k,\end{aligned}\tag{2.4}$$

其中 $\lambda_j^k, j\in J_k$ 表示算法 2.1 第 k 步的拉格朗日乘子.

$$\boldsymbol{W}_k=\sum_{j\in J_{k-1}}\lambda_j^{k-1}\varrho_j\boldsymbol{G}_j,\tag{2.5}$$

$$\boldsymbol{g}_j^\sharp(\boldsymbol{x})=\nabla f_j^\sharp(\boldsymbol{x})=\boldsymbol{g}_j+\varrho_j\boldsymbol{G}_j(\boldsymbol{x}-\boldsymbol{y}_j), \quad j=1,\dots,k.\tag{2.6}$$

现在最常用的是利用二次方法来解决上述问题. 下面给出的算法生成收敛到函数 f 的最小值序列 $\{\boldsymbol{x}_k\}_{k=1}^{\infty}\subset\Re^N$, 算法中的搜索方向为 $\{\boldsymbol{d}_k\}\subset\Re^N$, 步长为 $\{t_L^k\}\subset[0,1]$, 迭代点为 $\boldsymbol{x}_{k+1}=\boldsymbol{x}_k+t_L^k\boldsymbol{d}_k, k\geqslant 1$. 试验点为 $\boldsymbol{y}_{k+1}=\boldsymbol{x}_k+t_R^k\boldsymbol{d}_k\in\Re^N, k\geqslant 1$. 特别地, $\boldsymbol{y}_1=\boldsymbol{x}_1$, 次梯度 $\boldsymbol{g}_k\in\partial f(\boldsymbol{y}_k)$, 对称矩阵为 $\boldsymbol{G}_k$, 阻尼系数为 $\varrho_k\in[0,1]$, 下标 $k\geqslant 1$. 其中, $t_R^k\in(0,1]$ 为辅助的步长. 若找到满足条件 $t_L^k\geqslant t_0$ 的数 t_L^k, 其满足关系

$$f(\boldsymbol{x}_{k+1})\leqslant f(\boldsymbol{x}_k)+m_L t_L^k v_k,\tag{2.7}$$

则从 $\boldsymbol{x}_k$ 到 $\boldsymbol{x}_{k+1}$ 采取有效步骤. 令 $\boldsymbol{y}_{k+1}=\boldsymbol{x}_{k+1}$, 式 (2.7) 中 $m_L\in\left(0,\frac{1}{2}\right)$, $t_0\in(0,1)$ 为参数, $v_k<0$ 是预测的下降量 (若 $v_k=0$, 则算法在点 $\boldsymbol{x}_k$ 终止). 当满足条件 $t_L^k\in(0,t_0)$ 或 $\boldsymbol{x}_{k+1}=\boldsymbol{x}_k$ 时可以改进二次近似 $f_{k+1}^{\square}$ 的精确性. 令

$$f_j^k=f_j^\sharp(\boldsymbol{x}_k), \quad \boldsymbol{g}_j^k=\boldsymbol{g}_j^\sharp(\boldsymbol{x}_k)=\boldsymbol{g}_j+\varrho_j\boldsymbol{G}_j(\boldsymbol{x}_k-\boldsymbol{y}_j), \quad j=1,\dots,k, k\geqslant 1.\tag{2.8}$$

从而可以将式 (2.4) 等价写成如下形式:

$$
\begin{aligned}
&\min_{(\boldsymbol{x},z)\in\Re^{n+1}} z+\frac{1}{2}(\boldsymbol{x}-\boldsymbol{x}_k)^{\mathrm{T}}\boldsymbol{W}_k(\boldsymbol{x}-\boldsymbol{x}_k)\\
&\text{s.t.}\quad -\beta_j^k+(\boldsymbol{x}-\boldsymbol{x}_k)^{\mathrm{T}}\boldsymbol{g}_j^k\leqslant z,\quad j\in J_k.
\end{aligned}
\tag{2.9}
$$

值得注意的是, 此处的 z 与式 (2.4) 中不一定相同, 上式中的 $\beta_j^k=f(\boldsymbol{x}_k)-f_j^k$. 由式 (2.2) 可知, 有 $f_k^{\square}(\boldsymbol{x})\leqslant f_k^{\square}(\boldsymbol{x}_k)\leqslant f(\boldsymbol{x}_k)$ 成立. 注意到即使函数 f 为凸函数, 也会有 $\beta_j^k<0$ 的情形. 为了保证模型中函数 $\min_x f_k^{\square}(x)\leqslant f(\boldsymbol{x}_k)$ 的特性, 令 $0\leqslant\beta_j^k=f(\boldsymbol{x}_k)-f_j^{\sharp}(\boldsymbol{x}_k), j\in J_k$. 进一步地, 函数 $f_k^{\square}$ 当且仅当试验点 $\boldsymbol{y}_j, j\in J_k$ 在 x 的邻域内时其近似等于函数 f 在 x 处的值. 在此引入 $\alpha_j^k=\max\{|f_j^k-f(\boldsymbol{x}_k),\gamma(s_j^k)^w|\}$ 来代替 β_j^k, 其中

$$
\begin{aligned}
s_j^k=&|\boldsymbol{y}_j-\boldsymbol{x}_j|+\sum_{i=j}^{k-1}|\boldsymbol{x}_{i+1}-\boldsymbol{x}_i|\geqslant|\boldsymbol{y}_j-\boldsymbol{x}_k|,\\
&k=1,\ldots,k,\quad k\geqslant 1,
\end{aligned}
\tag{2.10}
$$

并且 $\gamma>0, \omega\geqslant 1$ 均为变量.

算法 2.1(束方法)

步 0. 参数的初始化. 选择初始点 $\boldsymbol{x}_1\in\Re^n$, 最终精确误差 $\varepsilon\geqslant 0$, 束维数 $M\geqslant 2$, 距离测量参数 $\gamma>0$, 线性搜索变量 $m_L\in(0,\frac{1}{2}), m_R\in(m_L,1)$, 长的有效步骤的下限为 $t_0\in(0,1)$, $\boldsymbol{x}_k$ 和 $\boldsymbol{y}_k$ 之间距离的上限为 $C_s>0$, 阻尼矩阵的上限 $\boldsymbol{C}_G>0$, 矩阵的选择参数 $i_m\geqslant 0$. 束复位参数 $i_r\geqslant 0$ 以及局部测量参数 $W\geqslant 1$. 令 $\boldsymbol{y}_1=\boldsymbol{x}_1$, 并计算函数值 $f(\boldsymbol{y}_1)$, 次梯度 $g_1\in\partial f(\boldsymbol{y}_1)$ 和对称矩阵 $\boldsymbol{G}_1$. 迭代数计数变量 $k=1$, 记连续空和短步骤的数量为 $i_n=0$, 上次束重置时候的有效步骤数为 $i_s=0, J_1=\{l\}, \varrho_1=1, s_p^1=s_1^1=0, f_p^1=f_1^1=f(\boldsymbol{y}_1), g_p^1=g_1, \boldsymbol{G}_p^1=\boldsymbol{G}_1$.

步 1. 寻找方向. 若步 $k-1$ 和步 $k-2$ 均为严格的, $\boldsymbol{\lambda}_{k-1}^{k-1}=1$ 或者 $i_S>i_r$ 成立, 则令 $\boldsymbol{G}=\boldsymbol{G}_k$, 否则令 $\boldsymbol{G}=\boldsymbol{G}_p^k$. 若 $i_n\leqslant i_m$, 则修改 $\boldsymbol{G}$ 来获得正定矩阵 $\bar{\boldsymbol{G}}_p^k$, 否则令 $\tilde{\boldsymbol{G}}_p^k=\bar{\boldsymbol{G}}_p^{k-1}$. 找出第 k 个 QP 子问题的解

$(\boldsymbol{d}_k, \hat{v}_k)$,

$$\begin{aligned} \min \quad & \hat{v} + \frac{1}{2}\boldsymbol{d}^{\mathrm{T}}\bar{\boldsymbol{G}}_P^k\boldsymbol{d}, \quad \forall(\boldsymbol{d}, \hat{v}) \in \Re^N \times \Re \\ \text{s.t.} \quad & -\alpha_j^k + \boldsymbol{d}^{\mathrm{T}}\boldsymbol{g}_j^k \leqslant \hat{v}, \quad j \in J_k, \\ & -\alpha_p^k + \boldsymbol{d}^{\mathrm{T}}\boldsymbol{g}_p^k \leqslant \hat{v}, \quad i_s \leqslant i_r, \end{aligned} \tag{2.11}$$

其中,

$$\alpha_j^k = \max[|f_j^k - f(\boldsymbol{x}_k)|, \gamma(\boldsymbol{s}_j^k)^w], \quad j \in J_k, \tag{2.12}$$

$$\alpha_p^k = \max[|f_p^k - f(\boldsymbol{x}_k)|, \gamma(\boldsymbol{s}_p^k)^w]. \tag{2.13}$$

上述方程可以通过解答第 k 个对偶子问题[36] 得到. 求出关于问题

$$\begin{aligned} \min \quad & \frac{1}{2}\left|\boldsymbol{H}_k\left(\sum_{j\in J_k}\lambda_j\boldsymbol{g}_j^k + \lambda_p\boldsymbol{g}_p^k\right)\right|^2 + \sum_{j\in J_k}\lambda_j\alpha_j^k + \lambda_p\alpha_p^k \\ \text{s.t.} \quad & \lambda_j \geqslant 0, \quad j \in J_k, \lambda_p \geqslant 0, \sum_{j\in J_k}\lambda_j + \lambda_p = 1, \\ & \lambda_p = 0, \quad \text{当} \quad i_s > i_r \end{aligned} \tag{2.14}$$

的拉格朗日乘子 $\lambda_j^k (j \in J_k)$ 和 λ_p^k. 其中,

$$\boldsymbol{d}_k = -\boldsymbol{H}_k^2\left(\sum_{j\in J_k}\lambda_j^k\boldsymbol{g}_j^k + \lambda_p^k\boldsymbol{g}_p^k\right), \tag{2.15}$$

$$\hat{v}_k = -\boldsymbol{d}_k^{\mathrm{T}}\bar{\boldsymbol{G}}_p^k\boldsymbol{d}_k - \sum_{j\in J_k}\lambda_j^k\alpha_j^k - \lambda_p^k\alpha_p^k, \tag{2.16}$$

其中 $\boldsymbol{H}_k = (\bar{\boldsymbol{G}}_p^k)^{-\frac{1}{2}}$. 若 $i_s > i_r$, 令 $i_s = 0$.

令

$$(\tilde{\boldsymbol{g}}_p^k, \tilde{f}_p^k, \boldsymbol{G}_p^{k+1}, \bar{s}_p^k) = \sum_{j\in J_k}\lambda_j^k(\boldsymbol{g}_j^k, f_j^k, \varrho_j\boldsymbol{G}_j, s_j^k) + \lambda_p^k(\boldsymbol{g}_p^k, f_p^k, \boldsymbol{G}_p^k, s_p^k), \tag{2.17}$$

$$\tilde{\alpha}_p^k = \max\{|\tilde{f}_p^k - f(\boldsymbol{x}_k)|, \gamma(\tilde{s}_p^k)^w\}, \tag{2.18}$$

$$v_k = -|\boldsymbol{H}_k\tilde{\boldsymbol{g}}_p^k|^2 - \tilde{\alpha}_P^k, \tag{2.19}$$

$$w_k = \frac{1}{2}\left|\boldsymbol{H}_k\tilde{\boldsymbol{g}}_p^k\right|^2 + \tilde{\alpha}_P^k. \tag{2.20}$$

步 2. 终止原则. 若 $\omega_k \leqslant \varepsilon$, 则停止.

步 3. 线性搜索. 通过以下给出的线搜索过程找到步长 t_L^k,t_R^k, 使其满足条件 $0 \leqslant t_L^k \leqslant t_R^k \leqslant 1$, 对应点分别为 $\boldsymbol{x}_{k+1} = \boldsymbol{x}_k + t_L^k\boldsymbol{d}_k, \boldsymbol{y}_{k+1} = \boldsymbol{x}_k + t_R^k\boldsymbol{d}_k$. 两个步长满足严格下降条件式 (2.7) 以及有以下三种情况之一成立. 采取有效步骤 $t_L^k = t_R^k \geqslant t_0$, 或短步长满足条件 $0 < t_L^k < t_0, t_L^k \leqslant t_R^k$, 或无效步骤的条件 $0 = t_L^k < t_R^k$ 成立. 计算函数值 $f_{k+1} = f(\boldsymbol{y}_{k+1})$, 次梯度 $\boldsymbol{g}_{k+1} \in \partial f(\boldsymbol{y}_{k+1})$ 和一个对称阵 $\boldsymbol{G}_{k+1}$. 若条件 $t_L^k < t_0$ 成立, 则令 $i_n = i_n + 1$, 否则令 $i_n = 0, i_s = i_s + 1$.

步 4. 变量更新. 若有 $i_n \leqslant 3$, 则令 $\varrho_{k+1} = \min\left\{1, \dfrac{C_G}{\|G_{k+1}\|}\right\}$, 否则, $\varrho_{k+1} = 0$. 计算下列相关变量的值:

$$s_j^{k+1} = s_j^k + |\boldsymbol{x}_{k+1} - \boldsymbol{x}_k|, \quad j \in J_k, \tag{2.21}$$

$$s_{k+1}^{k+1} = |\boldsymbol{x}_{k+1} - \boldsymbol{y}_{k+1}|, \tag{2.22}$$

$$s_p^{k+1} = \tilde{s}_p^k + |\boldsymbol{x}_{k+1} - \boldsymbol{x}_k|, \tag{2.23}$$

$$\begin{aligned} f_j^{k+1} = & f_j^k + (\boldsymbol{x}_{k+1} - \boldsymbol{x}_k)^{\mathrm{T}}\boldsymbol{g}_j^k \\ & + \frac{1}{2}\varrho_j(\boldsymbol{x}_{k+1} - \boldsymbol{x}_k)^{\mathrm{T}}\boldsymbol{G}_j(\boldsymbol{x}_{k+1} - \boldsymbol{x}_k), \quad j \in J_k, \end{aligned} \tag{2.24}$$

$$\begin{aligned} f_{k+1}^{k+1} = & f_{k+1} + (\boldsymbol{x}_{k+1} - \boldsymbol{y}_{k+1})^{\mathrm{T}}\boldsymbol{g}_{k+1} \\ & + \frac{1}{2}\varrho_{k+1}(\boldsymbol{x}_{k+1} - \boldsymbol{y}_{k+1})^{\mathrm{T}}\boldsymbol{G}_{k+1}(\boldsymbol{x}_{k+1} - \boldsymbol{y}_{k+1}), \end{aligned} \tag{2.25}$$

$$f_p^{k+1} = \tilde{f}_p^k + (\boldsymbol{x}_{k+1} - \boldsymbol{x}_k)^{\mathrm{T}}\tilde{\boldsymbol{g}}_p^k + \frac{1}{2}(\boldsymbol{x}_{k+1} - \boldsymbol{x}_k)^{\mathrm{T}}\boldsymbol{G}_p^{k+1}(\boldsymbol{x}_{k+1} - \boldsymbol{x}_k), \tag{2.26}$$

$$\boldsymbol{g}_j^{k+1} = \boldsymbol{g}_j^k + \varrho_j\boldsymbol{G}_j(\boldsymbol{x}_{k+1} - \boldsymbol{x}_k), \quad j \in J_k, \tag{2.27}$$

$$\boldsymbol{g}_{k+1}^{k+1} = \boldsymbol{g}_{k+1} + \varrho_{k+1}\boldsymbol{G}_{k+1}(\boldsymbol{x}_{k+1} - \boldsymbol{y}_{k+1}), \tag{2.28}$$

$$\boldsymbol{g}_p^{k+1} = \tilde{\boldsymbol{g}}_p^k + \boldsymbol{G}_p^{k+1}(\boldsymbol{x}_{k+1} - \boldsymbol{x}_k), \tag{2.29}$$

选择一个满足条件 $J_{k+1} \subset \{k-M+2,\ldots,k+1\} \bigcap \{1,2,\ldots\}$ 的集合 J_{k+1} 和数 $k+1(\in J_{k+1})$.

步 5. 令 $k=k+1$, 并返回到步 1.

下面给出算法的几点注释:

1. 当同时满足条件 $i_s > i_t$ 和 $\lambda_p = 0$ 时称为束重置, 其重要性将在后面给出;

2. 式 (2.11) 中的一个约束可以与 p 约束相同. 如当 $k=1$ 时, 它在解决式 (2.11) 必然是满足条件的;

3. 当终止准则不满足时, 算法遵循式 (2.19) 和式 (2.20) 中的 $v_k < 0$ 的准则. 这个准则在束方法中以通常的形式给出, 但在实践中为了取得更好效果从而对其进行修改. 如满足不等式 $|\boldsymbol{H}_k \tilde{\boldsymbol{g}}_p^k|^2 + \dfrac{c\tilde{\alpha_p^k}}{|f(\boldsymbol{x}_k)+\delta|} \leqslant 2\varepsilon$ 时, 则终止. 其中, c, δ 为合适的正常数;

4. 在算法步 4 中, 令 $i_n \leqslant 3$ 是根据经验来确定的, 不等式 $\varrho_k \leqslant \min\left\{1, \dfrac{C_G}{\|\boldsymbol{G}_k\|}\right\} (k \geqslant 1)$ 和

$$\varrho_k \|\boldsymbol{G}_k\| \leqslant C_G, \tag{2.30}$$

是为了保证 $\{\varrho_k \boldsymbol{G}_k\}$ 的有界性;

5. 基于式 (2.1), (2.8), (2.10) 来更新变量 $s_j^{k+1}, f_j^{k+1}, \boldsymbol{g}_j^{k+1} (j \in J_{k+1})$ 的值;

6. 参数 i_m, i_r 是为了后面的方法的收敛性证明.

对于算法中步 5 的短和无效步骤的终止条件对应于下述不等式组

$$-\alpha_{k+1}^{k+1} + \boldsymbol{d}_k^{\mathrm{T}} \boldsymbol{g}_{k+1}^{k+1} \geqslant m_R v_k, \quad |\boldsymbol{x}_{k+1} - \boldsymbol{y}_{k+1}| \leqslant C_s. \tag{2.31}$$

算法 2.2 线性搜索过程:

i. 令 $t_L = 0, t = t_U = 1$, 选择合适的常数 $\zeta \in \left(0, \dfrac{1}{2}\right), \vartheta(\geqslant 1)$.

ii. 若条件 $f(\boldsymbol{x}_k + t\boldsymbol{d}_k) \leqslant f(\boldsymbol{x}_k) + m_L t v_k$ 成立, 令 $t_L = t$, 否则令 $t_U = t$.

iii. 若不等式 $t_L \geqslant t_0$ 成立, 则令 $t_R = t_L$ 并返回.

iv. 分别计算次梯度 $g \in \partial f(\boldsymbol{x}_k + t\boldsymbol{d}_k)$, 对称矩阵 $\boldsymbol{G}$ 以及

$$\varrho = \begin{cases} \min\left\{1, \dfrac{C_G}{\|\boldsymbol{G}\|}\right\}, & i_n \leqslant 3, \\ 0, & \text{其他}, \end{cases}$$

$$f = f(\boldsymbol{x}_k + t\boldsymbol{d}_k) + (t_L - t)\boldsymbol{g}^{\mathrm{T}}\boldsymbol{d}_k + \frac{1}{2}\varrho(t_L - t)^2\boldsymbol{d}_k^{\mathrm{T}}\boldsymbol{G}\boldsymbol{d}_k,$$

$$\beta = \max\{|f - f(\boldsymbol{x}_k + t_L\boldsymbol{d}_k)|, \gamma|t_L - t|^w|\boldsymbol{d}_k|^w\}$$

(特别地, 终止点 $\boldsymbol{x}_k + t_L\boldsymbol{d}_k, \boldsymbol{x}_k + t\boldsymbol{d}_k$ 对应于 $\boldsymbol{x}_{k+1}$, $\boldsymbol{y}_{k+1}$).

v. 若有不等式 $-\beta + \boldsymbol{d}_k^{\mathrm{T}}(\boldsymbol{g} + \varrho(t_L - t)\boldsymbol{G}\boldsymbol{d}_k) \geqslant m_R v_k$ 和 $(t - t_L)|\boldsymbol{d}_k| \leqslant C_s$ 成立, 则令 $t_R = t$ 并返回.

vi. 通过插值过程选择符合条件的常数 $t(\in [t_L + \zeta(t_U - t_L)^{\vartheta}, t_U - \zeta(t_U - t_L)^{\vartheta}])$ 并且转到 ii.

引理 2.1 假设函数 f 满足半光滑的假设条件, 其中半光滑定义见 [35]: $\forall \boldsymbol{x} \in \Re^N, \boldsymbol{d} \in \Re^N$, 序列 $\{\bar{g}_i\}(\subset \Re^N)$ 和 $\{t_i\}(\subset \boldsymbol{R}_+)$, 满足 $\bar{g}_i \in \partial f(\boldsymbol{x} + t_i\boldsymbol{d})$ 和 $t_i \downarrow 0$, 有

$$\lim_{i\to\infty} \sup \bar{\boldsymbol{g}}_i^{\mathrm{T}}\boldsymbol{d} \geqslant \lim_{i\to\infty} \inf \frac{[f(\boldsymbol{x} + t_i\boldsymbol{d}) - f(\boldsymbol{x})]}{t_i}.$$

则线性搜索过程 2.2 终止于满足式 (2.7) 的 $t_L^k = t_L$ 和 $t_R^k = t$.

证明 采用反证法. 假设搜索不终止, 在第 k 次迭代的过程中, 分别用 $t^i, t_L^i, t_U^i, g^i, \varrho^i, G^i$ 和 β^i 值取代 $t, t_L, t_U, g, \varrho, G$ 和 β. 因此, $\forall i, t^i \in \{t_L^i, t_U^i\}$, 因为 $\zeta \in \left(0, \dfrac{1}{2}\right)$, $(t_U^i - t_L^i)^{\vartheta-1} \leqslant 1, t_L^i \leqslant t_L^{i+1} \leqslant t_U^{i+1} \leqslant t_U^i$ 以及 $t_U^{i+1} - t_L^{i+1} \leqslant t_U^i - t_L^i - \zeta(t_U^i - t_L^i)^{\vartheta}$. 所以对任意 i, 存在着 $\bar{t} \geqslant 0$, 满足关系 $t_L^i \uparrow \tilde{t}$, $t_U^i \downarrow \tilde{t}$. 令

$$s = \{t \geqslant 0 | f(\boldsymbol{x}_k + t\boldsymbol{d}_k) \leqslant f(\boldsymbol{x}_k) + m_L t v_k\}.$$

基于 $\{t_L^i\} \subset S$, $t_L^i \uparrow \tilde{t}$ 以及函数 f 为连续函数, 从而有不等式

$$f(\boldsymbol{x}_k + \tilde{t}\boldsymbol{d}_k) - f(\boldsymbol{x}_k) \leqslant m_L \tilde{t} v_k, \tag{2.32}$$

所以 $\tilde{t} \in S$. 令 $I = \{i|t^i \notin S\}$. 首先证明 I 为无限集合. 若存在 $i_0 \in I$, 满足当 $i > i_0, t^i \in S$, 则有 $t_U^{i_0} = t_U^i \downarrow \tilde{t}(\forall i > i_0)$, 其表明 $\tilde{t} = t_U^{i_0} \notin S$, 矛盾. 故集合 I 为无限的且有

$$f(\boldsymbol{x}_k + t^i \boldsymbol{d}_k) - f(\boldsymbol{x}_k) > m_L t^i v_k, \quad \forall i \in I.$$

由式 (2.32), 则有

$$\frac{[f(\boldsymbol{x}_k + t^i \boldsymbol{d}_k) - f(\boldsymbol{x}_k + \tilde{t}\boldsymbol{d}_k)]}{t^i - \tilde{t}} > m_L v_k, \quad \forall i \in I.$$

因此,

$$\begin{aligned} m_L v_k &\leqslant \lim_{i\to\infty} \inf_{i\in I} \frac{f(\boldsymbol{x}_k + \tilde{t}\boldsymbol{d}_k + (t^i - \tilde{t})\boldsymbol{d}_k) - f(\boldsymbol{x}_k + \tilde{t}\boldsymbol{d}_k)}{t^i - \tilde{t}} \\ &\leqslant \lim_{i\to\infty} \sup_{i\in I} \boldsymbol{d}_k^{\mathrm{T}} \boldsymbol{g}^i, \end{aligned} \tag{2.33}$$

其中 $\boldsymbol{g}_i \in \partial f(\boldsymbol{x}_k + t^i \boldsymbol{d}_k)$. 对于充分大的 i 有 $(t^i - t_L^i)|\boldsymbol{d}_k| \leqslant C_s$ 并由线性搜索过程中的第 5 步有

$$-\beta^i + \boldsymbol{d}_k^{\mathrm{T}}(g^i + \varrho^i(t_L^i - t^i)\boldsymbol{G}^i \boldsymbol{d}_k) < m_R v_k.$$

但是, 当 $i \to \infty$, $\beta^i \to 0, (t_L^i - t^i)\varrho^i \boldsymbol{d}_k^{\mathrm{T}} \boldsymbol{G}^i \boldsymbol{d}_k \to 0$, 因为 $t_L^i \uparrow \tilde{t}, t^i \to \tilde{t}$, 函数 f 为连续的, 次梯度映射为局部有界以及式 (2.30) 知数列 $\{\varrho^i \|G^i\|\}$ 为有界的. 因此, $\lim\sup_{i\to\infty} \boldsymbol{d}_k^{\mathrm{T}} \boldsymbol{g}^i \leqslant m_R v_k$. 基于此并结合式 (2.33), 得到 $m_L v_k \leqslant m_R v_k$, 此与 $0 < m_L < m_R < 1$ 和 $v_k < 0$ 相矛盾. 因此, 该搜索终止且在终止点处式 (2.7) 成立.

下面分析算法的全局收敛性, 此过程基于由 Kiwiel[35] 提出的非凸性方法的推广和修改. 假设线性搜索过程每次执行都是有限的, 并且相关变量 s_j^{k+1} 和 $\boldsymbol{g}_j^{k+1}$ 是基于式 (2.21) 和式 (2.27) 来定义的. 特别地, 对于 $j \notin J_k$, 即对所有的 $j = 1, \ldots, k (k \geqslant 1)$, 对于 $j \in \{1, \ldots, k\} \backslash J_k, (k \geqslant 1)$, 定义附加的乘数 $\lambda_j^k = 0$. 收敛结果假设最终精度误差设置为零.

引理 2.2 假设 k 是使得算法 2.1 在第 k 次迭代之前不停止的数 $(k \geqslant 1)$, 则存在数 $\hat{\lambda}_j^k, j=1,\ldots,k$, 满足如下关系

$$(\boldsymbol{G}_p^{k+1}, \tilde{\boldsymbol{g}}_p^k, \tilde{s}_p^k) = \sum_{j=1}^{k} \hat{\lambda}_j^k (\varrho_j \boldsymbol{G}_j, \boldsymbol{g}_j^k, s_j^k), \quad \hat{\lambda}_j^k \geqslant 0, j=1,\ldots,k, \sum_{j=1}^{k} \hat{\lambda}_j^k = 1. \tag{2.34}$$

证明 利用数学归纳法证明. 若 $k=1$, 则令 $\hat{\lambda}_1^k = 1$, 假设对于一些 $k \geqslant 1$, 式 (2.34) 成立. 令

$$\hat{\lambda}_j^{k+1} = \lambda_j^{k+1} + \lambda_p^{k+1} \hat{\lambda}_j^k, \quad j \leqslant k, \quad \hat{\lambda}_{k+1}^{k+1} = \lambda_{k+1}^{k+1},$$

则有 $\hat{\lambda}_j^{k+1} \geqslant 0 (j \leqslant k+1)$ 及 $\sum_{j=1}^{k+1} \hat{\lambda}_j^{k+1} = \sum_{j=1}^{k+1} \lambda_j^{k+1} + \lambda_p^{k+1} (\sum_{j=1}^{k} \hat{\lambda}_j^k) = 1$. 从式 (2.17) 和 (2.34) 中, 可以得到

$$\begin{aligned} \boldsymbol{G}_P^{k+2} &= \sum_{j=1}^{k+1} \lambda_j^{k+1} \varrho_j \boldsymbol{G}_j + \lambda_p^{k+1} \left(\sum_{j=1}^{k} \hat{\lambda}_j^k \varrho_j \boldsymbol{G}_j \right) \\ &= \lambda_{k+1}^{k+1} \varrho_{k+1} \boldsymbol{G}_{k+1} + \sum_{j=1}^{k} \varrho_j (\lambda_j^{k+1} + \lambda_p^{k+1} \hat{\lambda}_j^k) \boldsymbol{G}_j \\ &= \sum_{j=1}^{k+1} \hat{\lambda}_j^{k+1} \varrho_j \boldsymbol{G}_j. \end{aligned}$$

令 $\boldsymbol{\delta}_k = \boldsymbol{x}_{k+1} - \boldsymbol{x}_k$, 由式 (2.21)-(2.23) 和式 (2.27)-(2.29), 得到

$$\begin{aligned} (\tilde{\boldsymbol{g}}_p^{k+1}, \tilde{s}_p^{k+1}) &= \sum_{j=1}^{k+1} \lambda_j^{k+1} (\boldsymbol{g}_j^{k+1}, s_j^{k+1}) + \lambda_p^{k+1} (\tilde{\boldsymbol{g}}_p^k + \boldsymbol{G}_p^{k+1} \boldsymbol{\delta}_k, \tilde{s}_p^k + |\boldsymbol{\delta}_k|) \\ &= \sum_{j=1}^{k+1} \lambda_j^{k+1} (\boldsymbol{g}_j^{k+1}, s_j^{k+1}) + \sum_{j=1}^{k} \lambda_p^{k+1} \hat{\lambda}_j^k (\boldsymbol{g}_j^k + \varrho_j \boldsymbol{G}_j \delta_k, s_j^k + |\boldsymbol{\delta}_k|) \\ &= \lambda_{k+1}^{k+1} (\boldsymbol{g}_{k+1}^{k+1}, s_{k+1}^{k+1}) + \sum_{j=1}^{k} [\lambda_j^{k+1} + \lambda_p^{k+1} \hat{\lambda}_j^k] (\boldsymbol{g}_j^{k+1}, s_j^{k+1}) \\ &= \sum_{j=1}^{k+1} \hat{\lambda}_j^{k+1} (\boldsymbol{g}_j^{k+1}, s_j^{k+1}), \end{aligned}$$

然后用 $k+1$ 代替 k, 则归纳法成立. □

引理 2.3 假设 $\bar{\boldsymbol{x}} \in \Re^N$, 且存在矩阵 $\bar{\boldsymbol{G}}_j$, 向量 $\bar{\boldsymbol{q}}, \bar{\boldsymbol{y}}_j, \bar{\boldsymbol{g}}_j$ 和数 $\bar{s}_j, \bar{\lambda}_j, j=1,\ldots,L, L \geqslant 1$ 满足

$$\begin{aligned} (\bar{q}, 0) &= \sum_{j=1}^{L} \bar{\lambda}_j(\bar{\boldsymbol{g}}_j + \bar{\boldsymbol{G}}_j(\bar{\boldsymbol{x}} - \bar{\boldsymbol{y}}_j), \bar{s}_j), \\ \bar{\lambda}_j &\geqslant 0, \quad j=1,\ldots,L, \quad \sum_{j=1}^{L} \bar{\lambda}_j = 1, \end{aligned} \tag{2.35}$$

$$|\bar{\boldsymbol{y}}_j - \bar{\boldsymbol{x}}| \leqslant \bar{s}_j, \quad \bar{\boldsymbol{g}}_j \in \partial f(\bar{\boldsymbol{y}}_j), \quad j=1,\ldots,L, \tag{2.36}$$

则 $\bar{\boldsymbol{q}} \in \partial f(\bar{\boldsymbol{x}})$.

证明 令集合 $J = \{j | \bar{\lambda}_j > 0\}$. 由式 (2.35) 知, 对所有 $j \in J$, $\bar{s}_j = 0$. 因此由式 (2.82) 得到 $\bar{\boldsymbol{y}}_j = \bar{\boldsymbol{x}}(j \in J)$, 所以 $\bar{\boldsymbol{g}}_j \in \partial f(\bar{\boldsymbol{x}})(\forall j \in J)$. 对于 $j \in J, \sum_{j \in J} \bar{\lambda}_j = 1$, 有 $\bar{\boldsymbol{q}} = \sum_{j \in J} \bar{\lambda}_j \bar{\boldsymbol{g}}_j (\bar{\lambda}_j > 0)$. 所以由 $\partial f(\bar{\boldsymbol{x}})$ 的凸性, 可知 $\bar{\boldsymbol{q}} \in \partial f(\bar{\boldsymbol{x}})$ 成立. □

引理 2.4 若算法 2.1 在第 k 次迭代中终止, 则点 $\bar{\boldsymbol{x}} = \boldsymbol{x}_k$ 是函数 f 的稳定点.

证明 若算法在迭代第 2 步中由于 $w_k = 0$ 而终止. 因为 $\varepsilon = 0$ 和 $\tilde{\alpha}_p^k \geqslant 0$, 根据式 (2.20) 有 $\tilde{\boldsymbol{g}}_p^k = \boldsymbol{0}, \tilde{\alpha}_p^k = \tilde{s}_p^k = 0$, 且 H_k 非奇异. 从式 (2.10) 中得到 $|\boldsymbol{y}_j - \bar{\boldsymbol{x}}| \leqslant s_j^k (j \leqslant k)$. 对于 $j \leqslant k$, 基于引理 2.2, 式 (2.8) 和 (2.3) 中的 $L = k, \bar{\boldsymbol{G}}_j = \varrho_j \boldsymbol{G}_j, \bar{\boldsymbol{q}} = \tilde{\boldsymbol{g}}_p^k, \tilde{\boldsymbol{y}}_j = \boldsymbol{y}_j, \bar{\boldsymbol{g}}_j = \boldsymbol{g}_j, \bar{s}_j = s_j^k, \bar{\lambda}_j = \hat{\lambda}_j^k$ 得到 $\boldsymbol{0} = \bar{\boldsymbol{q}} \in \partial f(\bar{\boldsymbol{x}})$. □

下面假设算法不会终止, 即 $\forall k$, $w_k > 0$ 成立.

引理 2.5 假设 n 维向量 $\boldsymbol{p}$, $\boldsymbol{g}$,$\boldsymbol{\Delta}$ 和数 $c, v, w, \beta, m \in (0,1), \alpha \geqslant 0$ 满足

$$\begin{gathered} w = \frac{1}{2}|\boldsymbol{p}|^2 + \alpha, \quad v = -(|\boldsymbol{p}|^2 + \alpha), \quad -\beta - \boldsymbol{g}^{\mathrm{T}}\boldsymbol{p} \geqslant mv, \\ c = \max\{|\boldsymbol{g}|, |\boldsymbol{p}|, \alpha^{\frac{1}{2}}\}, \end{gathered} \tag{2.37}$$

令

$$Q(\boldsymbol{v}) = \frac{1}{2}|v\boldsymbol{g} + (1-v)(\boldsymbol{p}+\boldsymbol{\Delta})|^2 + v\beta + (1-v)\alpha, \quad v \in \Re, \tag{2.38}$$

则有

$$\min\{Q(v)|v\in[0,1]\} \leqslant w - w^2\frac{(1-m)^2}{8c^2} + 4c|\boldsymbol{\Delta}| + \frac{1}{2}|\boldsymbol{\Delta}|^2.$$

证明 容易计算得到

$$Q(v) = Q_1(v) + Q_2(v),$$

其中

$$\begin{aligned} Q_1(v) &\triangleq \frac{1}{2}|\boldsymbol{p}|^2 + \alpha + v(-|\boldsymbol{p}|^2 - \alpha + \beta + \boldsymbol{p}^{\mathrm{T}}\boldsymbol{g}) \\ &= w + v(\nu + \beta + \boldsymbol{p}^{\mathrm{T}}\boldsymbol{g}), \end{aligned}$$

$$Q_2(v) \triangleq \frac{1}{2}v^2|\boldsymbol{p} + \Delta - \boldsymbol{g}|^2 + \boldsymbol{\Delta}^{\mathrm{T}}\left(\left(\boldsymbol{p} + \frac{\boldsymbol{\Delta}}{2}\right)(1-2v) + v\boldsymbol{g}\right).$$

若式 (2.37) 中的 $v\in[0,1]$, 则有

$$Q_1(v) \leqslant w + v(1-m)v \leqslant w - v(1-m)w,$$

$$\begin{aligned} Q_2(v) &\leqslant \frac{1}{2}v^2(2c+|\boldsymbol{\Delta}|)^2 + \left(\frac{1}{2} - v\right)|\boldsymbol{\Delta}|^2 + 2c|\boldsymbol{\Delta}| \\ &= 2c^2v^2 + 2cv^2|\boldsymbol{\Delta}| + \frac{1}{2}(1-v)^2|\boldsymbol{\Delta}|^2 + 2c|\boldsymbol{\Delta}| \\ &\leqslant 2c^2v^2 + 4c|\boldsymbol{\Delta}| + \frac{1}{2}|\boldsymbol{\Delta}|^2. \end{aligned}$$

记 $\tilde{Q}(v) = 2c^2v^2 - v(1-m)w$, 通过 $\bar{v} = \dfrac{(1-m)w}{4c^2} < \dfrac{3c^2}{8c^2} < 1$ 检查 $\tilde{Q}$ 是否达到最小化, 得到 $\tilde{Q}(\bar{v}) = \dfrac{-(1-m)^2w^2}{8c^2}(\bar{v}\in[0,1])$. □

下面定义

$$\sigma(\boldsymbol{x}) = \lim_{k\to\infty}\inf\max[\boldsymbol{w}_k, |\boldsymbol{x}_k - \boldsymbol{x}|], \quad \boldsymbol{x}\in\Re^N, \tag{2.39}$$

$$
\begin{aligned}
\hat{\alpha}_p^k &= \sum_{j\in \boldsymbol{J}_k} \lambda_j^k \alpha_j^k + \lambda_p^k \alpha_p^k, \\
\hat{w}_k &= \frac{1}{2}|\boldsymbol{H}_k \tilde{\boldsymbol{g}}_p^k| + \hat{\alpha}_p^k,
\end{aligned} \tag{2.40}
$$

其中 $\hat{w}_k$ 为第 k 个 QP 子问题 2.14 的最优值.

引理 2.6　(i) 算法 2.1 在第 k 次迭代过程中, 满足不等式

$$
\tilde{\alpha}_p^k \leqslant \hat{\alpha}_p^k, \quad w_k \leqslant \hat{w}_k, \tag{2.41}
$$

(ii) 假设存在一个点 $\bar{\boldsymbol{x}} \in R^N$ 和一个无限集合 $K \subset \{1, 2, ...\}$ 满足条件 $\boldsymbol{x}_k \xrightarrow{K} \bar{\boldsymbol{x}}$. 则有 $f(\boldsymbol{x}_k) \downarrow f(\bar{\boldsymbol{x}})$ 和 $t_L^k v_k \to 0$ 成立.

证明　(i) 由式 (2.18),(2.17), (2.12),(2.13),(2.40), 且对于满足 $\gamma > 0, \omega \geqslant 1$ 的函数 $\xi \to \gamma|\xi|^w$ 和 $(\xi, \eta) \to \max[\xi, \eta]$ 都具有凸性. 故得到

$$
\begin{aligned}
\tilde{\alpha}_p^k \leqslant & \max \left[\sum_{j\in \boldsymbol{J}_k} \lambda_j^k |f_j^k - f(\boldsymbol{x}_k)| + \lambda_P^k |f_P^k - f(\boldsymbol{x}_k)|, \right. \\
& \left. \sum_{j\in J_k} \lambda_j^k \gamma(\boldsymbol{s}_j^k)^\omega + \lambda_p^k \gamma(s_p^k)^w \right] \\
\leqslant & \sum_{j\in J_k} \lambda_j^k \max[|f_j^k - f(\boldsymbol{x}_k)|, \gamma(s_j^k)^\omega] \\
& + \lambda_p^k \max[|f_p^k - f(\boldsymbol{x}_k)|, \gamma(s_p^k)^\omega] = \hat{\alpha}_p^k,
\end{aligned}
$$

则证明了式 (2.41).

(ii) 令 $\boldsymbol{x}_k \xrightarrow{K} \bar{\boldsymbol{x}}$, 由函数 f 的连续性可知 $f(\boldsymbol{x}_k) \xrightarrow{K} f(\bar{\boldsymbol{x}})$. 所以由式 (2.7) 基于数列 $\{f(\boldsymbol{x}_k)\}$ 的单调性可知 $f(\boldsymbol{x}_k) \downarrow f(\bar{\boldsymbol{x}})$. 对于条件 $m_L \in \left(0, \frac{1}{2}\right), t_L^k \geqslant 0, \nu_k < 0$ 和式 (2.7) 是经常满足的, 所以 $0 \leqslant -t_L^k \nu_k \leqslant \frac{[f(\boldsymbol{x}_k) - f(\boldsymbol{x}_{k+1})]}{m_L} \to 0$ 成立, 这就说明 $t_L^K \nu_k \to 0$ 成立.　□

引理 2.7　假设 $\{x_k\}$ 为有界的 (例如水平集 $\{\boldsymbol{x} \in \Re^n | f(\boldsymbol{x}) \leqslant f(\boldsymbol{x}_l)\}$, 当 $l \geqslant 1$ 时是有界的), 存在一些点满足关系 $\sigma(\bar{\boldsymbol{x}}) = 0$, 则 $\boldsymbol{0} \in \partial f(\bar{\boldsymbol{x}})$.

证明 由式 (2.39) 可得, 存在一个无限集 $K \subset \{1, 2, \ldots, \}$, 使得 $\boldsymbol{x}_k \xrightarrow{K} \bar{\boldsymbol{x}}, w_k \xrightarrow{K} \mathbf{0}$. 令 $I = \{1, \ldots, N+2\}$, 由引理 2.2 和 Caratheodory[38] 方法可知, 对于满足条件 $i \in I, k \geqslant 1$ 的向量 $\boldsymbol{g}^{k,i}$ 和数 $\lambda^{k,i}, s^{k,i}$ 满足关系:

$$(\tilde{\boldsymbol{g}}_p^k, \tilde{s}_p^k) = \sum_{i \in I} \lambda^{k,i}(\boldsymbol{g}^{k,i}, s^{k,i}), \lambda^{k,i} \geqslant 0, \quad i \in I, \sum_{i \in I} \lambda^{k,i} = 1 \tag{2.42}$$

和 $(\boldsymbol{g}^{k,i}, s^{k,i}) \in \{(\boldsymbol{g}_j^k, s_j^k) | j = 1, \ldots, k\} \subset \Re^N \times \Re$. 基于式 (2.8), 则关于每个 $k \geqslant 1, i \in I$ 分配一个指标 $j = j(k,i)(1 \leqslant j \leqslant k)$, 且满足关系

$$g^{k,i} = \boldsymbol{g}_j^k = \boldsymbol{g}_j + \varrho_j \boldsymbol{G}_j(\boldsymbol{x}_k - \boldsymbol{y}_j), \quad s^{k,i} = s_j^k \tag{2.43}$$

和 $\boldsymbol{g}_j \in \partial f(\boldsymbol{y}_j), \varrho_j \in [0,1]$. 由式 (2.77) 和有效步骤时的条件 $\boldsymbol{x}_j = \boldsymbol{y}_j$ 可知, 不等式 $|\boldsymbol{x}_j - \boldsymbol{y}_j| \leqslant C_s$ 成立. 因此数列 $\{\boldsymbol{y}_j\}$ 有界, 对于 $i \in I, k \xrightarrow{K_1} \infty$, 存在点 $\bar{\boldsymbol{y}}_i(i \in I)$ 和一个无限集合 $K_1 \subset K$ 满足关系 $\boldsymbol{y}_{j(k,i)} \to \bar{\boldsymbol{y}}_i$. 由函数 ∂f 的局部有界性和上半连续性知, 存在向量 $\bar{\boldsymbol{g}}_i \in \partial f(\bar{\boldsymbol{y}}_i), i \in I$ 和一个无限集合 $K_2 \subset K_1$ 满足条件 $\boldsymbol{g}_{j(k,i)} \xrightarrow{K_2} \bar{\boldsymbol{g}}_i, i \in I$. 由式 (2.30) 可知, $\{\varrho_j \boldsymbol{G}_j\}, \{\lambda^{k,i}\}$ 有界, 故存在矩阵 $\bar{\boldsymbol{G}}_i$ 和数 $\bar{\lambda}_i(i \in I)$, 以及一个无限集合 $\bar{K} \subset K_2$ 满足

$$\varrho_{j(k,i)} \boldsymbol{G}_{j(k,i)} \xrightarrow{\bar{K}} \bar{\boldsymbol{G}}_i, \quad \lambda^{k,i} \xrightarrow{\bar{K}} \bar{\lambda}_i(i \in I).$$

令式 (2.42),(2.43)中的$k \in \bar{K}$ 趋于无穷大, 有 $\tilde{\boldsymbol{g}}_p^k \xrightarrow{K} \sum_{i \in I} \bar{\lambda}_i(\bar{\boldsymbol{g}}_i + \bar{\boldsymbol{G}}_i(\bar{\boldsymbol{x}} - \bar{\boldsymbol{y}}_i)) \triangleq \bar{\boldsymbol{q}}$. 由 $\boldsymbol{w}_k \xrightarrow{K} 0$, 式 (2.18),(2.20),(2.30), 以及式 (2.2) 得到 $\tilde{\boldsymbol{g}}_p^k \xrightarrow{K} \mathbf{0} = \bar{\boldsymbol{q}}$ 和 $\tilde{\alpha}_p^k \xrightarrow{K} 0$, 即证明了 $\tilde{s}_p^k \xrightarrow{K} 0$, 因此由式 (2.42), 可知 $\lambda^{k,i} s^{k,i} \xrightarrow{\bar{K}} 0(i \in I)$, 并且 $\forall \lambda^{k,i} s^{k,i} \geqslant 0$, 因此由 $\lambda^{k,i} \xrightarrow{\bar{K}} \bar{\lambda}_i(i \in I)$ 和式 (2.65), 得到 $s^{k,i} \xrightarrow{\bar{K}} s_i \geqslant |\bar{\boldsymbol{x}} - \bar{\boldsymbol{y}}_i|$. 当 $\bar{\lambda}_i \neq 0$, 令 $\bar{s}_i = 0$, 若 $\bar{\lambda}_i = 0$, 令 $\bar{s}_i = |\bar{\boldsymbol{x}} - \bar{\boldsymbol{y}}_i|$. 显然, 基于式 (2.3), 得到 $\bar{\lambda}_i \geqslant 0(i \in I), \sum_{i \in I} \bar{\lambda}_i = 1$. 所以由引理 2.3, 可以得到 $\mathbf{0} = \bar{\boldsymbol{q}} \in \partial f(\bar{\boldsymbol{x}})$. □

引理 2.8 给定一点 $\bar{\boldsymbol{x}} \in \Re^n$, 假设 H_k 是有界的并存在无限集合 $K \subset \{1, 2, \ldots\}$, 使得 $\boldsymbol{x}_k \xrightarrow{K} \boldsymbol{x}, \sigma(\bar{\boldsymbol{x}}) > 0$. 若 $k \xrightarrow{K} \infty$, 则 $\forall i \geqslant 0, \boldsymbol{x}_{k+i} \to$

$\bar{\boldsymbol{x}}$ 和 $t_L^{k+i} \to 0$ 成立. 并且对于任意固定的 $r \geqslant 0$, 存在 $\bar{k} \geqslant 0$, 使得 $\omega_{k+i} \geqslant \dfrac{\sigma(\bar{x})}{2}, t_L^{k+i} < t_0, \forall k > \tilde{k}(k \in K, 0 \leqslant i \leqslant r)$.

证明 (i) 首先证明 $\forall i \geqslant 0$, 有 $\boldsymbol{x}_{k+i} \xrightarrow{K} \bar{\boldsymbol{x}}$. 若 $i = 0$, 由假设可知成立. 下证对于固定的 $i \geqslant 0$ 都成立. 因为 $\{\boldsymbol{H}_k\}, \{t_L^k\}$ 是有界的, 所以得到

$$|\boldsymbol{x}_{k+i+1} - \boldsymbol{x}_{k+i}| = t_L^{k+i} |\boldsymbol{H}_{k+i}^2 \tilde{\boldsymbol{g}}_p^{k+i}| \leqslant \|H_{k+i}\| \sqrt{t_L^{k+i}} \sqrt{-t_L^{k+i} v_{k+i}} \to 0.$$

基于式 (2.15), (2.17)-(2.19) 和引理 2.6(ii), 得到 $\boldsymbol{x}_{k+i+1} \xrightarrow{K} \bar{\boldsymbol{x}}$. 即推论成立.

(ii) 下面证明对任意固定的 $i \geqslant 0$, 有 $t_L^{k+i} \xrightarrow{K} 0$. 采用反证法, 假设其不成立, 则存在一个数 $\hat{t} > 0$ 和一个无限的集合 $\bar{K} \subset K$, 满足 $t_L^{k+i} \geqslant \hat{t}, k \in \bar{K}$. 基于式 (2.19), (2.20) 和引理 2.6(ii), 得到 $0 \leqslant \hat{t} w_{k+i} \leqslant -t_L^{k+i} v_{k+i} \to 0, k \in \bar{K}$, 即证明了 $w_{k+i} \xrightarrow{\bar{K}} 0$, 所以 $\sigma(\bar{\boldsymbol{x}}) = 0$, 又因为 $\boldsymbol{x}_{k+i} \xrightarrow{\bar{K}} \bar{\boldsymbol{x}}$, 从而两者矛盾, 故原结论成立.

(iii) 固定一个 $r \geqslant 0$, $\forall i \geqslant 0$, 因为 $\boldsymbol{x}_{k+i} \xrightarrow{K} \bar{\boldsymbol{x}}, \sigma(\bar{\boldsymbol{x}}) > 0$ 以及由 $t_L^{k+i} \xrightarrow{K} 0$, 故存在 $k_i \geqslant 0$, 满足 $w_{k+i} \geqslant \dfrac{\sigma(\bar{\boldsymbol{x}})}{2}$和 $t_L^{k+i} < t_0, \forall k > k_i, k \in K$. 令 $\tilde{k} = \max\{k_i | 0 \leqslant i \leqslant r\}$. □

$\boldsymbol{H}_k$ 的有界性可以数值地给出. 如果利用 [20] 中的因式分解法修改步 1 中的矩阵 $\boldsymbol{G}_p^k$, 则存在一个常数 $c > 0$ 满足 $\|(\bar{\boldsymbol{G}}_p^k)^{-1}\| \leqslant c(\forall k \geqslant 1)$. 此基于 $\bar{\boldsymbol{G}}_p^k = \boldsymbol{L}_k \boldsymbol{D}_k \boldsymbol{L}_k^{\mathrm{T}}$, 其中 $\boldsymbol{D}_k$ 是元素比一般正常数更大的对角矩阵, $\boldsymbol{L}_k$ 是有界的单位下三角矩阵的非对角元素组成的向量.

定理 2.9 *假设 $\{\boldsymbol{x}_k\}$ 和 $\{\boldsymbol{H}_k\}$ 是有界的, 则每个点列 $\{\boldsymbol{x}_k\}$ 的极限点为函数 $\boldsymbol{f}$ 的稳定点.*

证明 考虑 $\boldsymbol{x}_k \xrightarrow{K} \bar{\boldsymbol{x}}$, 由引理 2.7 可知 $\sigma(\bar{\boldsymbol{x}}) = 0$. 为了推出矛盾, 令 $\sigma(\bar{\boldsymbol{x}}) > 0$ 或者 $\sigma(\bar{\boldsymbol{x}}) = +\infty$. 引理 2.7 的证明中, 建立了点列 $\{y_k\}, \{\varrho_k G_k\}, \{g_k\}$ 三者的有界性, 基于式 (2.28), (2.22), (2.25) 分别定义了三个新的点列 $\{\boldsymbol{g}_k^k\}$,$\{\boldsymbol{H}_k g_k^k\}$,$\{\alpha_k^k\}$, 以及函数 f 的连续性. 因为对于第

$k \geqslant 1$ 个子问题 (2.14), 乘子 $\lambda_k = 1, \lambda_j = 0 (j \in \{J_k\} \setminus \{k\})$ 和 $\lambda_p = 0$ 是可行的, 其保证对于 $k \geqslant 1$, 不等式 $\hat{w}_k \leqslant \frac{1}{2}|\boldsymbol{H}_k \boldsymbol{g}_k^k|^2 + \alpha_k^k$ 成立, 基于式 (2.41) 和 (2.20), 得到点列 $\{w_k\}$,$\{\boldsymbol{H}_k \tilde{\boldsymbol{g}}_p^k\}$,$\{\tilde{\boldsymbol{g}}_p^k\}$ 和 $\{\tilde{\alpha}_p^k\}$ 是有界的以及 $\sigma(\tilde{\boldsymbol{x}})$ 是有限的.

记

$$
\begin{aligned}
c &= \sup\left\{|\boldsymbol{H}_k \boldsymbol{g}_k^k|, |\boldsymbol{H}_k \tilde{\boldsymbol{g}}_k^k|, \sqrt{\tilde{\alpha}_p^k} \quad |k \geqslant 1\right\}, \\
\Delta_k &= \boldsymbol{H}_{k+1}(\boldsymbol{g}_p^{k+1} - \tilde{\boldsymbol{g}}_p^k), \quad k \geqslant 1, \\
\delta &= \frac{\sigma(\bar{\boldsymbol{x}})}{2}, \\
\bar{c} &= \frac{\delta(1 - m_R)}{4c}, \quad r = \frac{3c^2}{2\bar{c}^2} + i_m.
\end{aligned} \tag{2.44}
$$

由引理 2.8 的证明的第一部分, 等式 (2.23) 以及引理 2.6(ii), 得到 $\boldsymbol{x}_{k+1} - \boldsymbol{x}_k \to \boldsymbol{0}$,$s_P^{k+1} - \tilde{s}_p^k \to 0$ 和 $f(\boldsymbol{x}_{k+1}) - f(\boldsymbol{x}_k) \to 0$. 结合式 (2.30) 和引理 2.2 并利用式 (2.26) 和式 (2.29), 得到 $f_p^{k+1} - \tilde{f}_p^k \to 0$ 和 $\Delta_k \to 0$. 因为对于 $w \geqslant 1$, 函数 $\xi \to \xi^w$ 在任何 R_+ 的有限子集上是 Lipschitz 连续的, 对于 $k \geqslant 1$, 有 $\tilde{s}_p^k \leqslant (\frac{\tilde{\alpha}_p^k}{\gamma})^{\frac{1}{w}}$ 成立并且得到 $\{\tilde{\alpha}_p^k\}$ 是有界的. 对于 $k \geqslant 1$, 存在常数 $c_L > 0$, 使得 $|(s_p^{k+1})^w - (\tilde{s}_p^k)^w| \leqslant c_L |s_p^{k+1} - \tilde{s}_p^k|$. 利用式 (2.13),(2.18) 和不等式 $|\max\{a, b\} - \max\{c, d\}| \leqslant |a - c| + |b - d| (a, b, c, d \in \Re)$, 对于 $k \geqslant 1$, 得到

$$
\begin{aligned}
|\alpha_p^{k+1} - \tilde{\alpha}_p^k| =& |\max[|f_P^{k+1} - f(\boldsymbol{x}_{k+1})|, \gamma(s_p^{k+1})^w] \\
& - \max[|\tilde{f}_p^k - f(\boldsymbol{x}_k)|, \gamma(\tilde{s}_p^k)^w]| \\
\leqslant& |f_p^{k+1} - \tilde{f}_p^k| + |f(\boldsymbol{x}_{k+1}) - f(\boldsymbol{x}_k)| + \gamma c_L |s_p^{k+1} - \tilde{s}_p^k| \to 0,
\end{aligned}
$$

因此, 存在常数 $\bar{k} \geqslant 0$, 满足如下不等式

$$
4c|\Delta_k| + \frac{|\Delta_k|^2}{2} + |\alpha_p^{k+1} - \tilde{\alpha}_p^k| < \bar{c}^2, \quad \forall k > \bar{k}. \tag{2.45}
$$

令 $\tilde{k}$ 是按照引理 2.8 中定义的数. 选择元素 $k_0 \in K$ 满足 $k_0 > \max\{\tilde{k}, \bar{k}\}$, 任意整数 $i \in [i_m, r]$ 并令 $k = k_0 + i$. 其来自算法 2.1 步 3 之后的

$w_k \geqslant \delta, t_L^k < t_0, i_n > i_m$. 从而, 在下次循序的第 1 步中, 有 $\bar{\boldsymbol{G}}_p^{k+1} = \bar{\boldsymbol{G}}_p^k$ 和 $\boldsymbol{H}_{k+1} = \boldsymbol{H}_k$. 对于短和空步骤, 因为没有发生束重置 ($i_s \leqslant i_r$), 所以拉格朗日乘数 $\lambda_{k+1} = v, \lambda_j = 0(j \in \{J_{k+1}\} \backslash \{k+1\})$ 和 $\lambda_p = 1-v, v \in [0,1]$ 对于第 $k+1$ 个双子问题是可行的并且由式 (2.40) 和 (2.41) 得到

$$\begin{aligned} w_{k+1} \leqslant & \frac{1}{2}|v\boldsymbol{H}_{k+1}\boldsymbol{g}_{k+1}^{k+1} + (1-v)\boldsymbol{H}_{k+1}\boldsymbol{g}_p^{k+1}|^2 + v\alpha_{k+1}^{k+1} \\ & +(1-v)[\tilde{\alpha}_p^k + (\alpha_p^{k+1} - \tilde{\alpha}_P^k)]. \end{aligned} \tag{2.46}$$

依据式 (2.31), 并应用于式 (2.5), 令 $\boldsymbol{p} = \boldsymbol{H}_k\tilde{\boldsymbol{g}}_p^k = -\boldsymbol{H}_{k+1}^{-1}\boldsymbol{d}_k$, $\boldsymbol{g} = \boldsymbol{H}_{k+1}\boldsymbol{g}_{k+1}^{k+1}$, $\Delta = \Delta_k$, $v = v_k$, $w = w_k$, $\beta = \alpha_{k+1}^{k+1}$, $\alpha = \tilde{\alpha_p^k}, m = m_R$, 得到

$$\begin{aligned} w_{k+1} \leqslant & w_k - w_k^2\frac{(1-m_R)^2}{8c^2} \\ & +4c|\Delta_k| + \frac{1}{2}|\Delta_k|^2 + |\alpha_p^{k+1} - \tilde{\alpha}_p^k| < w_k - \bar{c}^2. \end{aligned} \tag{2.47}$$

第一个不等式来自引理 2.5, 第二个不等式来自式 (2.44) 中定义的 $\bar{c}$, $w_k \geqslant \delta$ 以及式 (2.45). 对于最大的 $n(\leqslant r)$, 其来自式 (2.47) 和式 (2.20) 并满足式 (2.44) 中 c 和 r 的定义, 得到如下的关系式

$$w_{k_0+n+1} < w_{k_0+i_m} - \bar{c}^2(n+1-i_m) < \frac{c^2}{2} + c^2 - \bar{c}^2(r-i_m) = 0,$$

这是不可能的, 因此 $\sigma(\bar{x}) = 0$. □

下面证明算法 2.1 的收敛是超线性收敛. 首先给出如下的假设: 试验点序列 $\{\boldsymbol{y}_k\}$ 收敛到点 $\bar{\boldsymbol{x}}$, $\boldsymbol{f}$ 为模长 $C_F > 0$(即 $f(x) - \left(\frac{C_F}{2}\right)|x|^2$ 为凸的) 的强凸函数. 在 $\bar{\boldsymbol{x}}$ 的一些邻域中函数 f 二阶连续可微, 有效步骤的步数是无限的. 区间测量参数 $w = 1$, $\boldsymbol{G}_k$ 是 Hessian 矩阵 $\nabla^2 f(\boldsymbol{y}_k)$. 假设最终精度误差 $\varepsilon = 0$ 和 C_F 足够大以确保在算法 2.1 中步 1 中矩阵 $\boldsymbol{G}_k$ 不被所有的 $\boldsymbol{y}_k \in B(\bar{x})$ 修改.

引理 2.10 假设算法 2.1 中产生的有效步骤数是无限的. 则对于每个 $k_1 \geqslant 1$, 存在数 $k_2 > k_1$, 使得存在集合 $J_k \subset \{k_1, k_1+1, \ldots\}$ 和如下

的关系式

$$(\boldsymbol{G}_p^{k+1}, \boldsymbol{g}_p^{k+1}, s_p^{k+1}) = \sum_{j=k_1}^{k} \hat{\lambda}_j^k (\varrho_j \boldsymbol{G}_j, \boldsymbol{g}_j^{k+1}, s_j^{k+1}), \tag{2.48}$$

$$\hat{\lambda}_j^k \geqslant 0, \quad k_1 \leqslant j \leqslant k, \quad \sum_{j=k_1}^{k} \hat{\lambda}_j^k = 1, \quad \forall k \geqslant k_2 \tag{2.49}$$

成立.

证明 选择 $k_2 \geqslant k_1 + M - 1$(其中 $M \geqslant 2$ 表示边界维数), 使得算法 2.1 在第 k_2 步中执行束复位, 也就是 $\lambda_p^{k_2} = 0$. 令 $k \geqslant k_2$. 由束定义可知存在集合 $J_k \subset \{k - M + 1, \ldots, k\} \subset \{k_1, k_1 + 1, \ldots\}$, 其推出 $\lambda_j^k = 0(j < k_1)$. 因此, 取引理 2.2 中的 $\hat{\lambda}_j^k$, 从引理 2.2 的证明中, 得到 $\hat{\lambda}_j^k = \lambda_p^k \hat{\lambda}_j^{k-1}, j < k_1$. 因为 $\lambda_p^{k_2} = 0$, 通过推导得到: 对于 $k = k_2, k_2 + 1, \ldots,$ 式 (2.34) 中对于 $j < k_1$, 有 $\hat{\lambda}_j^k = 0$.

由式 (2.21)-(2.23), (2.27)-(2.29) 和式 (2.34) 得到

$$\begin{aligned}(\boldsymbol{g}_p^{k+1}, s_p^{k+1}) &= (\tilde{\boldsymbol{g}}_p^k + \boldsymbol{G}_p^{k+1}(\boldsymbol{x}_{k+1} - \boldsymbol{x}_k), \tilde{s}_p^k + |\boldsymbol{x}_{k+1} - \boldsymbol{x}_k|) \\ &= \sum_{j=k_1}^{k} \hat{\lambda}_j^k \left(\boldsymbol{g}_j^k + \varrho_j \boldsymbol{G}_j (\boldsymbol{x}_{k+1} - \boldsymbol{x}_k), s_j^k + |\boldsymbol{x}_{k+1} - \boldsymbol{x}_k| \right) \\ &= \sum_{j=k_1}^{k} \hat{\lambda}_j^k (\boldsymbol{g}_j^{k+1}, s_j^{k+1}),\end{aligned}$$

再结合式 (2.34), 即可得到结论. □

引理 2.11 假设引理 2.10 的条件成立, 序列 $\{\boldsymbol{x}_k\}$ 和 $\{\boldsymbol{y}_k\}$ 是由算法 2.1 产生, $\boldsymbol{y}_k \to \bar{\boldsymbol{x}}$. 函数 f 满足局部 Lipschitz 连续并在点 $\bar{\boldsymbol{x}}$ 一阶可微, 矩阵 $\boldsymbol{H}_k$ 是有界的, $w = 1$. 则在点 $\bar{\boldsymbol{x}}$ 处有 $\nabla f(\bar{\boldsymbol{x}}) = 0$, 并且存在常数 $\tilde{k}$, 使得 QP 子问题 2.11 在 $k \geqslant \tilde{k}, \boldsymbol{y}_k = \boldsymbol{x}_k$ 时仅只有关于指标 k 的一个有效约束.

证明 假设存在一个 $\boldsymbol{x}$ 的邻域 $B(\bar{\boldsymbol{x}})$ 和一个常数 C_L 满足

$$|\boldsymbol{g}_i - \boldsymbol{g}_j| \leqslant C_L |\boldsymbol{y}_i - \boldsymbol{y}_j|, \quad \forall \boldsymbol{y}_i, \boldsymbol{y}_j \in B(\bar{\boldsymbol{x}}). \tag{2.50}$$

由式 (2.31) 和有效步骤时的条件 $\boldsymbol{x}_j = \boldsymbol{y}_j$, 得到 $|\boldsymbol{x}_k - \boldsymbol{y}_k| \leqslant C_s$. 因此, 点列 $\{\boldsymbol{x}_k\}$ 是有界的. 由假设集合 $\{k|\boldsymbol{x}_k = \boldsymbol{y}_k\}$ 是无限的, 利用定理 2.9, 基于次梯度函数 ∇f 在 $\bar{\boldsymbol{x}}$ 的连续性可得, $\mathbf{0} \in \partial f(\bar{\boldsymbol{x}}) = \{\nabla f(\bar{\boldsymbol{x}})\}$. 因此, 次梯度 $\boldsymbol{g}_k \to \mathbf{0}$ 且存在整数 k_1, 对于满足条件 $\forall k \geqslant k_1$ 的 k, 有 $\boldsymbol{y}_k \in B(\bar{\boldsymbol{x}})$ 和如下不等关系成立.

$$(\boldsymbol{C}_L + \boldsymbol{C}_G)\boldsymbol{C}_H^2|\boldsymbol{g}_k| < \gamma, \tag{2.51}$$

其中 $C_H = \sup\{\|\boldsymbol{H}_k\|| k \geqslant 1\}$, γ 是距离测量参数. 令 $\tilde{k}$ 是由引理 2.10 确定的数字 k_2, 并假设 $k > \tilde{k}, \boldsymbol{y}_k = \boldsymbol{x}_k$ 成立, 基于式 (2.12),(2.22),(2.25),(2.28) 和如下的减少的 QP 子问题

$$\begin{aligned} &\min_{(\boldsymbol{u},z)\in\Re^{N+1}} z + \frac{\boldsymbol{u}^{\mathrm{T}}\bar{\boldsymbol{G}}_P^k\boldsymbol{u}}{2} \\ &\text{s.t.} \qquad -\alpha_k^k + \boldsymbol{u}^{\mathrm{T}}\boldsymbol{g}_k^k \leqslant z \end{aligned} \tag{2.52}$$

(类似前面的 QP 子问题 (2.11)), 得到

$$\boldsymbol{u}_k = -\boldsymbol{H}_k^2\boldsymbol{g}_k, \quad z_k = -\boldsymbol{u}_k^{\mathrm{T}}\bar{\boldsymbol{G}}_p^k\boldsymbol{u}_k = \boldsymbol{g}_k^{\mathrm{T}}\boldsymbol{u}_k. \tag{2.53}$$

因为 $k \geqslant \tilde{k}$, 由引理 2.10 推得 $j \geqslant k_1(\forall j \in J_k)$, 因此, $\boldsymbol{y}_j \in B(\bar{\boldsymbol{x}})$. 由式 (2.8), 式 (2.53) 和式 (2.30), 对于 $j \in J_k$ 得到

$$(\boldsymbol{g}_j^k - \boldsymbol{g}_k)^{\mathrm{T}}\boldsymbol{u}_k \leqslant |\boldsymbol{g}_j - \boldsymbol{g}_k - \varrho_j\boldsymbol{G}_j(\boldsymbol{y}_j - \boldsymbol{x}_k)||\boldsymbol{u}_k| \leqslant (C_L + C_G)C_H^2|\boldsymbol{g}_k||\boldsymbol{y}_j - \boldsymbol{x}_k|.$$

观察到只有在严格或短的步骤 $(\boldsymbol{x}_k \neq \boldsymbol{x}_{k_1})$ 时, 才会满足假设 $\boldsymbol{x}_k = \boldsymbol{y}_k$, 因此由式 (2.21), 有 $s_j^k > 0(j < k)$. 因为假定 $w = 1$, 由式 (2.51), 式 (2.10) 和式 (2.12), $\forall j \in J_k \setminus \{k\}$, 得到

$$(\boldsymbol{g}_p^k - \boldsymbol{g}_k)^{\mathrm{T}}\boldsymbol{u}_k < \gamma s_j^k \leqslant \alpha_j^k. \tag{2.54}$$

同样由式 (2.48),(2.54) 和 (2.13) 可推出

$$\begin{aligned}(\boldsymbol{g}_p^k-\boldsymbol{g}_k)^{\mathrm{T}}\boldsymbol{u}_k &= \sum_{j=k_1}^{k-1}\hat{\lambda}_j^{k-1}(\boldsymbol{g}_j^k-\boldsymbol{g}_k)^{\mathrm{T}}\boldsymbol{u}_k\\ &<\gamma\sum_{j=k_1}^{k-1}\hat{\lambda}_j^{k-1}s_j^k\\ &=\gamma s_p^k\leqslant\alpha_p^k,\end{aligned}\tag{2.55}$$

从式 (2.53)-(2.55) 得到 $-(\alpha)_j^k+\boldsymbol{u}_k^{\mathrm{T}}\boldsymbol{g}_j^k<z_k(\forall j\in J_k\setminus\{k\})$ 和 $-\alpha_p^k+\boldsymbol{u}_k^{\mathrm{T}}\boldsymbol{g}_p^k<z_k$, 因此, $(\boldsymbol{u}_k,z_k)$ 也是问题 (2.11) 的解. □

引理 2.12 假设引理 2.11 条件成立, 函数 f 强凸且模长 $C_F>0$ 并且在点 $\bar{\boldsymbol{x}}$ 的邻域二阶连续可微, 则存在一个常数 $\bar{k}$ 使得 $\boldsymbol{y}_{k+1}=\boldsymbol{x}_{k+1}=\boldsymbol{x}_k-\boldsymbol{G}_k^{-1}\boldsymbol{g}_k(\forall k\geqslant\bar{k})$ 成立.

证明 令 $K=\{k|\boldsymbol{x}_k=\boldsymbol{y}_k,\bar{\boldsymbol{G}}_p^k=\boldsymbol{G}_k\}$.

(i) 假设存在一个数 k_0, 使得 $\boldsymbol{y}_{k+1}=\boldsymbol{x}_{k+1}=\boldsymbol{x}_k+\boldsymbol{d}_k(\forall k\in K,k\geqslant k_0)$ 成立. 假设 $k\in K,k\geqslant\tilde{k}$, 其中 $\tilde{k}$ 在引理 2.11 中所定义. 则由引理 2.11, 有 $\lambda_k^k=1,\lambda_j^k=0(\forall j\neq k)$. 因此, 基于式 (2.17), 式 (2.18), 式 (2.22), 式 (2.25) 和式 (2.28), 得到 $\tilde{\alpha}_p^k=\alpha_k^k=0$ 和 $\tilde{g}_p^k=g_k^k=g_k$, 由式 (2.15),(2.19) 给出了

$$\boldsymbol{d}_k=-\boldsymbol{G}_k^{-1}\boldsymbol{g}_k,\quad v_k=\boldsymbol{g}_k^{\mathrm{T}}\boldsymbol{d}_k=-\boldsymbol{d}_k^{\mathrm{T}}\boldsymbol{G}_k\boldsymbol{d}_k.\tag{2.56}$$

基于引理 (2.11) 的证明, 得到 $\boldsymbol{g}_k\to 0$, 由 $\{H_k\}$ 的有界性, 得到 $\boldsymbol{d}_k\to\boldsymbol{0}$. 由关于 $\boldsymbol{x}_k$ 的 Taylor 展式和式 (2.56) 得到

$$f(\boldsymbol{x}_k+\boldsymbol{d}_k)-f(\boldsymbol{x}_k)=\boldsymbol{d}_k^{\mathrm{T}}\boldsymbol{g}_k+\frac{\boldsymbol{d}_k^{\mathrm{T}}\boldsymbol{G}_k\boldsymbol{d}_k}{2}+\Delta_k=\frac{1}{2}v_k+\Delta_k.\tag{2.57}$$

其中由 $\nabla^2 f$ 的连续性, $\Delta_k=o(\boldsymbol{d}_k^{\mathrm{T}}\boldsymbol{d}_k)$. 从模长为 C_F 的函数 f 的强凸度可以看出, $\nabla^2 f$ 的最小特征值被 C_F 缩小化[28]. 因此存在 $k_0\geqslant\tilde{k}$, 使得

$$\Delta_k\leqslant\left(\frac{1}{2}-m_L\right)\boldsymbol{C}_F|\boldsymbol{d}_k|^2,\quad \boldsymbol{d}^{\mathrm{T}}\boldsymbol{G}_k\boldsymbol{d}\geqslant C_F|\boldsymbol{d}|^2(\forall\boldsymbol{d}\in R^N,k\in K,k\geqslant k_0).\tag{2.58}$$

从式 (2.56-2.58), 得到 $f(\boldsymbol{x}_k+\boldsymbol{d}_k)-f(\boldsymbol{x}_k)\leqslant\frac{1}{2}v_k+\left(\frac{1}{2}-m_L\right)\boldsymbol{d}_k^{\mathrm{T}}\boldsymbol{G}_k\boldsymbol{d}_k=$

$m_L v_k$, 因此, 对于 $k \in K, k \geqslant k_0$, 式 (2.7) 中 $t_L^k = 1$.

(ii) 选择 $\bar{k} \geqslant k_0 \geqslant \tilde{k}$ 使得在第 k 步执行束复位. 然后由情形(i) 的证明知 $\bar{k} \in K$, 第 k 步是严格的. 因为第 $k-1$ 步是严格的, 由引理 2.11, $\boldsymbol{G}_{\bar{k}+1}$ 正定性以及算法 2.1, 得到 $\tilde{k}+1 \in K$. □

鉴于引理 2.12 中的强凸性和引理 2.12 中函数二阶可微性的假设, 得到 $\{\boldsymbol{G}_k^{-1}\}$ 的有界性. 因此, 在引理 2.11 中假定的 $\{\boldsymbol{H}_k\}$ 是有界的.

定理 2.13　假设引理 2.12 中的条件成立, 则经过一定的步骤之后, 算法 2.1 产生牛顿迭代序列 $\{\boldsymbol{x}_k\}$ 且其超线性收敛到 $\bar{\boldsymbol{x}}$.

证明　假设 $k > \bar{k}$, 其中 $\bar{k}$ 如引理 2.12 中定义. 记 $\boldsymbol{e}_k = \boldsymbol{x}_k - \bar{\boldsymbol{x}}$, 由引理 2.11, 得到 $\nabla f(\bar{\boldsymbol{x}}) = 0$. 基于点满足关系 $\boldsymbol{y}_k = \boldsymbol{x}_k$ 和 $\boldsymbol{y}_{k+1} = \boldsymbol{x}_{k+1} = \boldsymbol{x}_k - \boldsymbol{G}_k^{-1}\boldsymbol{g}_k$ 得到

$$\frac{|\boldsymbol{e}_{k+1}|}{|\boldsymbol{e}_k|} \leqslant \|\boldsymbol{G}_k^{-1}\| \left\| \int_0^1 [\nabla^2 f(\bar{\boldsymbol{x}} + \xi \boldsymbol{e}_k) - \nabla^2 f(\bar{\boldsymbol{x}} + \boldsymbol{e}_k) \boldsymbol{d\xi}] \right\| \to 0.$$

□

2.2　有限记忆束方法

本节内容来自文献 [24]. 考虑问题

$$\begin{aligned} \min \quad & f(\boldsymbol{x}) \\ \text{s.t.} \quad & \boldsymbol{x} \in \Re^n. \end{aligned} \tag{2.59}$$

本节首先介绍一个改进的有限记忆束方法, 然后提出一个线搜索技术确定算法的步长, 最后使用有限记忆 SR1 公式更新矩阵来计算搜索方向.

下面给出有限记忆束方法的详细描述. 有限记忆束方法产生基本点序列 $\{x_k\} \subset \Re^n$, 在凸的情形下, 收敛到目标函数 $f: \Re^n \to \Re$ 的全局最小值; 在非凸的情况下, 该算法只保证找到目标函数的一个稳定点 (记找到一个点 $\boldsymbol{x} \in \Re^n$ 使得 $\boldsymbol{0} \in \partial f(\boldsymbol{x})$). 在基本点列 $\{x_k\}$ 之外, 算法会产生辅助点列 $\{y_k\} \subset \Re^n$. 新的迭代点 $\boldsymbol{x}_{k+1}$ 和辅助点 $\boldsymbol{y}_{k+1}$, 分别是利用如下

的特殊线搜索过程生成:

$$\boldsymbol{x}_{k+1}=\boldsymbol{x}_k+t_L^k\boldsymbol{d}_k,\quad \boldsymbol{y}_{k+1}=\boldsymbol{x}_k+t_R^k\boldsymbol{d}_k,\quad k\geqslant 1,\tag{2.60}$$

特别地,$\boldsymbol{y}_1=\boldsymbol{x}_1$, 其中 $t_R^k\in(0,t_{\max}],t_L^k\in[0,t_R^k]$ 为步长, $t_{\max}>1$ 为步长的上界, $\boldsymbol{d}_k=-\boldsymbol{D}_k\tilde{\boldsymbol{\xi}}_k$ 是搜索方向向量, $\tilde{\boldsymbol{\xi}}_k$ 为聚集的次梯度, $\boldsymbol{D}_k$ 是由有限记忆矩阵更新得到, 在光滑的情况下, 表示 Hessian 矩阵的逆的近似.

使用有效步骤的必要条件是

$$t_R^k=t_L^k>0,\quad f(\boldsymbol{y}_{k+1})\leqslant f(\boldsymbol{x}_k)-\xi_L^k t_R^k\omega_k,\tag{2.61}$$

其中 $\xi_L^k\in(0,\frac{1}{2})$ 为线性搜索参数, $w_k>0$ 表示 f 在点 $\boldsymbol{x}_k$ 的期待下降量. 若式 (2.61) 成立, 则令 $\boldsymbol{x}_{k+1}=\boldsymbol{y}_{k+1}$ 且执行有效步骤. 另一方面, 若有

$$t_R^k>t_L^k=0,\quad -\beta_{k+1}+\boldsymbol{d}_k^{\mathrm{T}}\boldsymbol{\xi}_{k+1}\geqslant-\varepsilon_R^k\omega_k,\tag{2.62}$$

则采取无效步骤, 其中,$\varepsilon_R^k\in\left(\varepsilon_L^k,\dfrac{1}{2}\right)$ 是线性搜索参数. $\boldsymbol{\xi}_{k+1}\in\partial f(\boldsymbol{y}_{k+1})$ 和 $\boldsymbol{\beta}_{k+1}$ 是类似于束方法中次梯度局部度量[33, 42]. 在一个无效步骤的情况下, 设置 $\boldsymbol{x}_{k+1}=\boldsymbol{x}_k$, 因为需要存储辅助点 $\boldsymbol{y}_{k+1}$ 和相应的辅助次梯度 $\boldsymbol{\xi}_{k+1}\in\partial f(\boldsymbol{y}_{k+1})$, 从而增加了目标函数的信息.

类似原始可变度量束方法[39, 53], 有限记忆束方法加速过程中只使用的三个次梯度和两个局部度量. 用 m 表示满足 $\boldsymbol{x}_j=\boldsymbol{x}_k$ 的最小索引 j (即 m 是最近的有效步骤后迭代的索引), 并假设当前的子梯度 $\boldsymbol{\xi}_m\in\partial f(\boldsymbol{x}_k)$, 辅助次梯度 $\boldsymbol{\xi}_{k+1}\in\partial f(\boldsymbol{y}_{k+1})$ 和当前聚集次梯度 $\tilde{\boldsymbol{\xi}}_k$(需要指出的是, $\tilde{\boldsymbol{\xi}}_1=\boldsymbol{\xi}_1$). 那么, 定义新的聚集次梯度 $\tilde{\boldsymbol{\xi}}_{k+1}$ 为

$$\tilde{\boldsymbol{\xi}}_{k+1}=\lambda_1^k\boldsymbol{\xi}_m+\lambda_2^k\boldsymbol{\xi}_{k+1}+\lambda_3^k\tilde{\boldsymbol{\xi}}_k,$$

其中乘数 λ_i^k 满足 $\lambda_i^k\geqslant 0,\forall i\in\{1,2,3\}$, $\sum_{i=1}^3\lambda_i^k=1$ 可通过极小化简单的二次函数来确定, 这取决于这三个子梯度和两个局部度量 (参见算法 2.3 中的步 6). 这种简单的加速技术有可能保留全局收敛性, 且无需解决标准束方法中出现的相当复杂的计算二次方向问题. 值得注意的是,

只有最后一步为零时才计算聚集值. 否则, 令 $\tilde{\boldsymbol{\xi}}_{k+1}=\boldsymbol{\xi}_{k+1}\in\partial f(\boldsymbol{x}_{k+1})$. 下面给出求解大规模非光滑无约束优化问题的有限记忆束方法.

算法 2.3(有限记忆束方法)

数据: 选择最终精度公差 $\varepsilon>0$, 正初始线性搜索参数 $\varepsilon_L^I\in\left(0,\dfrac{1}{2}\right)$ 和 $\varepsilon_R^I\in\left(\varepsilon_L^I,\dfrac{1}{2}\right)$, 距离测量参数 $\gamma\geqslant 0$, 特别地, 若 f 为凸函数, 则 $\gamma=0$, 以及局部测量参数 $\omega\geqslant 1$. 对于有效步骤, 选择下界和上界分别为 $t_{\min}\in(0,1)$ 和 $t_{\max}>1$. 方向矢量的长度的控制参数 $C>0$ 和校正系数 $\varrho\in\left(0,\dfrac{1}{2}\right)$.

步 0. (初始化) 选择一个初始点 $\boldsymbol{x}_1\in\Re^n$ 和一个初始矩阵 $\boldsymbol{D}_1=\boldsymbol{I}$. 令 $\boldsymbol{y}_1=\boldsymbol{x}_1$ 和 $\beta_1=0$. 计算 $f_1=f(\boldsymbol{x}_1)$ 和 $\xi_1\in\partial f(\boldsymbol{x}_1)$. 令校正指示符 $i_C=0$, 迭代次数为 k, 并令 $k=1$.

步 1. (有效步骤初始化) 令聚集次梯度 $\tilde{\boldsymbol{\xi}}_k=\boldsymbol{\xi}_k$, 其局部度量 $\tilde{\beta}_k=0$, 为连续的空步骤设置校正指示符 $i_{CN}=0$, 并为有效步骤 $m=k$ 设置索引.

步 2. (方向的寻找) 计算

$$\boldsymbol{d}_k=-\boldsymbol{D}_k\tilde{\boldsymbol{\xi}}_k,\tag{2.63}$$

如果 $m=k$, 通过有限记忆 BFGS 方法更新, 否则, 使用有限记忆 SR1 更新. 注意 $\boldsymbol{d}_1=-\tilde{\boldsymbol{\xi}}_1$.

步 3. (校正) 若 $-\tilde{\boldsymbol{\xi}}_k^{\mathrm{T}}\boldsymbol{d}_k<\varrho\tilde{\boldsymbol{\xi}}_k^{\mathrm{T}}\tilde{\boldsymbol{\xi}}_k$ 或者 $i_{CN}=1$, 则令

$$\boldsymbol{d}_k=\boldsymbol{d}_k-\varrho\tilde{\boldsymbol{\xi}}_k\tag{2.64}$$

(即 $D_k=D_k+\varrho I$) 和 $i_C=1$. 否则, 令 $i_C=0$. 若 $i_C=1, m<k$, 则令 $i_{CN}=1$.

步 4. (终止准则) 令

$$w_k=-\tilde{\boldsymbol{\xi}}_k^{\mathrm{T}}\boldsymbol{d}_k+2\tilde{\beta}_k\tag{2.65}$$

和

$$q_k = \frac{1}{2}\tilde{\boldsymbol{\xi}}_k^{\mathrm{T}}\tilde{\boldsymbol{\xi}}_k + \tilde{\beta}_k, \tag{2.66}$$

若有 $w_k < \varepsilon$ 和 $q_k < \varepsilon$, 则终止于 $\boldsymbol{x}_k$ 并将其作为最终解.

步 5. (线性搜索) 设置方向向量的长度和线性搜索的缩放参数, $\Theta_k = \min\left\{1, \dfrac{C}{\|\boldsymbol{d}_k\|}\right\}$, 计算初始步长 $t_I^k \in [t_{\min}, t_{\max})$. 通过线性搜索算法 2.4 确定步长 $t_R^k \in (0, t_I^k]$ 和 $t_L^k \in [0, t_R^k]$. 令相应的函数值

$$\boldsymbol{x}_{k+1} = \boldsymbol{x}_k + t_L^k \Theta_k \boldsymbol{d}_k,$$

$$\boldsymbol{y}_{k+1} = \boldsymbol{x}_k + t_R^k \Theta_k \boldsymbol{d}_k,$$

$$f_{k+1} = f(\boldsymbol{x}_{k+1})$$

和

$$\boldsymbol{\xi}_{k+1} \in \partial f(\boldsymbol{y}_{k+1}).$$

令 $\boldsymbol{u}_k = \boldsymbol{\xi}_{k+1} - \boldsymbol{\xi}_m$ 和 $\boldsymbol{s}_k = \boldsymbol{y}_{k+1} - \boldsymbol{x}_k = t_R^k \Theta_k \boldsymbol{d}_k$. 若条件 2.61 成立 (也就是采用有效步骤), 则令 $\beta_{k+1} = 0, k = k+1$ 并转去步 1. 否则 (也就是条件 (2.62) 成立), 计算局部度量

$$\beta_{k+1} = \max\{|f(\boldsymbol{x}_k) - f(\boldsymbol{y}_{k+1}) + \boldsymbol{s}_k^{\mathrm{T}}\boldsymbol{\xi}_{k+1}|, \gamma\|s_k\|^w\}. \tag{2.67}$$

步 6. (聚集化) 确定乘数 $\lambda_i^k \geqslant 0, \forall i \in \{1, 2, 3\}, \sum_{i=1}^3 \lambda_i^k = 1$, 最小化函数

$$\begin{aligned}\varphi(\lambda_1, \lambda_2, \lambda_3) = &(\lambda_1\boldsymbol{\xi}_m + \lambda_2\boldsymbol{\xi}_{k+1} + \lambda_3\tilde{\boldsymbol{\xi}}_k)^{\mathrm{T}}\boldsymbol{D}_k(\lambda_1\boldsymbol{\xi}_m + \lambda_2\boldsymbol{\xi}_{k+1} + \lambda_3\tilde{\boldsymbol{\xi}}_k)\\ &+2(\lambda_2\beta_{k+1} + \lambda_3\tilde{\beta}_k),\end{aligned} \tag{2.68}$$

其中 $\boldsymbol{D}_k$ 是通过与步 2 中相同的规则进行更新, 且若 $i_C = 1$ 时, $\boldsymbol{D}_k = \boldsymbol{D}_k + \varrho\boldsymbol{I}$. 令

$$\tilde{\boldsymbol{\xi}}_{k+1} = \lambda_1^k\boldsymbol{\xi}_m + \lambda_2^k\boldsymbol{\xi}_{k+1} + \lambda_3^k\tilde{\boldsymbol{\xi}}_k \tag{2.69}$$

和

$$\tilde{\beta}_{k+1} = \lambda_2^k\beta_{k+1} + \lambda_3^k\tilde{\beta}_k, \tag{2.70}$$

取 $k = k + 1$ 并转步 2.

为了保证该算法的全局收敛性, 方向向量长度 (见算法 2.3 中的步 5) 和矩阵 $\boldsymbol{B}_i = \boldsymbol{D}_i^{-1}$(见算法 3.2 中的步 3) 的有界性是必要的 (若矩阵的特征值是有界的, 则其位于不包含零的紧凑区间). 利用校正公式 (2.64) 相当于对矩阵 $\boldsymbol{D}_k$ 添加正定矩阵 $\varrho \boldsymbol{I}$. 值得注意的是, 在步 2 和步 6 中, $\boldsymbol{D}_k$ 不是明确的, 而是用有限记忆表达式 (2.72),(2.74) 计算得到.

初始步长 $t_I^k \in [t_{\min}, t_{\max})$(算法 3.2 的步 5) 的选取是基于一个包含辅助点的束以及相应的函数值和次梯度. 对于非凸目标函数, 其过程与原始可变度量束完全相同. 因为聚集过程 (算法 2.3 的步 6) 仅利用三个子梯度, 两个最小尺寸的束和一个较大的束 (如果使用) 仅用于选择初始步长.

下面给出线性搜索算法, 其目的是确定有限记忆束方法中步长 t_L^k 和 t_R^k.

算法 2.4 (线性搜索过程)

数据处理: 假设有最新的迭代点 $\boldsymbol{x}_k$, 最新搜索方向 $\boldsymbol{d}_k$, 当前缩放参数 $\Theta_k \in (0,1]$, 正的初始线搜索参数 $\varepsilon_L^I \in \left(0, \dfrac{1}{2}\right)$, $\varepsilon_R^I \in \left(\varepsilon_L^I, \dfrac{1}{2}\right)$,$\varepsilon_A^I \in (0, \varepsilon_R^I - \varepsilon_L^I)$ 以及 $\varepsilon_T^I \in (\varepsilon_L^I, \varepsilon_R^I - \varepsilon_A^I)$. 若 t_I^k 为初始步长, 有效步骤辅助下限为 $t_{\min} \in (0,1)$, 距离测量参数为 $\gamma \geqslant 0$(若 f 为凸函数, 则 $\gamma = 0$), 局部测量参数为 $\omega \geqslant 1$, 期待的下降量为 ω_k 以及最大附加插值数量 $i_{\max}$ 可用. 此外, 假设连续无效步骤数 $i_{\text{null}} \geqslant 0$.

步 0. (初始化) 令 $t_A = 0, t = t_U = t_I^k$ 以及 $i_I = 0$, 计算缩放线搜索参数

$$\varepsilon_L^k = \Theta_k \varepsilon_L^I, \quad \varepsilon_R^k = \Theta_k \varepsilon_R^I,$$

$$\varepsilon_A^k = \Theta_k \varepsilon_A^I, \quad \varepsilon_T^k = \Theta_k \varepsilon_T^I,$$

以及附加插值参数

$$\kappa = 1 - \frac{1}{2(1 - \varepsilon_T^k)}.$$

步 1. (新值) 计算 $f(\boldsymbol{x}_k + t\Theta_k \boldsymbol{d}_k)$, $\boldsymbol{\xi} \in \partial f(\boldsymbol{x}_k + t\Theta_k \boldsymbol{d}_k)$ 和

$$\beta = \max\{|f(\boldsymbol{x}_k) - f(\boldsymbol{x}_k + t\Theta_k \boldsymbol{d}_k + t\Theta_k {\boldsymbol{d}_k}^{\mathrm{T}} \boldsymbol{\xi}|, \gamma(t\Theta_k \|\boldsymbol{d}_k\|)^w\},$$

若 $f(\boldsymbol{x}_k + t\Theta_k \boldsymbol{d}_k) \leqslant f(\boldsymbol{x}_k) - \varepsilon_T^k t w_k$, 则令 $t_A = t$, 否则, $t_U = t$.

步 2. (有效步骤) 若

$$f(\boldsymbol{x}_k + t\Theta_k \boldsymbol{d}_k) \leqslant f(\boldsymbol{x}_k) - \varepsilon_L^k t w_k,$$

并且

$$t \geqslant t_{\min}$$

或者

$$\beta > \varepsilon_A^k w_k,$$

则令 $t_R^k = t_L^k = t$, 并终止算法.

步 3. (附加插值的检验) 若 $f(\boldsymbol{x}_k + t\Theta_k \boldsymbol{d}_k) > f(\boldsymbol{x}_k), i_{\text{null}} > 0, i_I < i_{\max}$, 则令 $i_I = i_I + 1$, 并进入到步 5.

步 4. (无效步骤) 若

$$-\beta + \Theta_k {\boldsymbol{d}_k}^{\mathrm{T}} \boldsymbol{\xi} \geqslant -\varepsilon_R^k w_k,$$

则令 $t_R^k = t, t_L^k = 0$, 并终止算法.

步 5. (插值) 若 $t_A = 0$, 则令

$$t = \max\left\{\kappa t_U, \frac{-\dfrac{t_U^2 w_k}{2}}{f(\boldsymbol{x}_k) - f(\boldsymbol{x}_k + t\Theta_k \boldsymbol{d}_k) - t_U w_k}\right\}.$$

否则, 取 $t = \dfrac{t_A + t_U}{2}$. 返回至步 1.

可以在半光滑假设下证明算法 2.4 会终止于有限次迭代. 此外, 算法 2.4 的输出 (步 2 和步 4) t_L^k 和 t_R^k 满足严格下降准则:

$$f(\boldsymbol{x}_{k+1}) - f(\boldsymbol{x}_k) \leqslant -\varepsilon_L^k t_L^k w_k. \tag{2.71}$$

同时也要指出, 每一次迭代后包含 t 的区间 (也就是 $t \in [t_A + \kappa(t_U - t_A), t_U - \kappa(t_U - t_A)]$) 的间隔在减少.

矩阵更新: 下面考虑如何更新矩阵 $\boldsymbol{D}_k$ 和寻找搜索方向 $\boldsymbol{d}_k$ 两个问题. 寻找搜索方向的基本方法与有限记忆矩阵的方法类似 [4]. 然而, 由于使用了类似于可变度量束中的无效步骤, 所以必须对方法做出一些修改: 若前一步是无效步, 矩阵 $\boldsymbol{D}_k$ 通过有限记忆 SR1 更新公式 (2.74) 得到, 并能保留生成的矩阵的有界性和一些其他属性, 这在全局收敛性的证明中是有用的. 否则, 在严格的步骤之后不需要这些性质, 而在更有效的有限记忆 BFGS 更新公式 (2.72) 中使用.

有限记忆矩阵 $\boldsymbol{D}_k$, 使用的是后几次迭代来自隐式定义变量度量的更新信息. 因此, 在算法 2.3 的步 5 中的每次迭代过程, 只需要存储一定数量 (或少量) 的校正对 (s_i, u_i), $(i < k)$. 用 $3 \leqslant \hat{m}_c$ 表示用户指定的存储的校正对的最大数量和 $\hat{m}_k = \min\{k-1, \hat{m}_c\}$ 存储的校正的当前数量. 分别定义 $n \times \hat{m}_k$ 维数的校正矩阵 S_k 和 U_k 为

$$\boldsymbol{S}_k = [\boldsymbol{s}_{k-\hat{m}_k}, \ldots, \boldsymbol{s}_{k-1}]$$

和

$$\boldsymbol{U}_k = [\boldsymbol{u}_{k-\hat{m}_k}, \ldots, \boldsymbol{u}_{k-1}].$$

当可用的存储空间用尽时, 最旧的校正向量被删除为新的空间腾出空间; 因此, 除了前几次迭代, 总是可以得到 $\hat{m}_c$ 最新的修正对 (s_i, u_i). 定义有限记忆 BFGS 更新公式为

$$\boldsymbol{D}_k = \boldsymbol{\vartheta}_k \boldsymbol{I} + [\boldsymbol{S}_k \vartheta_k \boldsymbol{U}_k] \begin{bmatrix} (\boldsymbol{R}_k^{-1})^{\mathrm{T}}(\boldsymbol{C}_k + \vartheta_k \boldsymbol{U}_k^{\mathrm{T}} \boldsymbol{U}_k)\boldsymbol{R}_k^{-1} & -(\boldsymbol{R}_k^{-1})^{\mathrm{T}} \\ -\boldsymbol{R}_k^{-1} & 0 \end{bmatrix} + \begin{bmatrix} \boldsymbol{S}_k^{\mathrm{T}} \\ \vartheta_k \boldsymbol{U}_k^{\mathrm{T}} \end{bmatrix}, \tag{2.72}$$

其中 $\boldsymbol{R}_k$ 是由下式给出的阶数为 $\hat{m}_k$ 的上三角矩阵,

$$(\boldsymbol{R}_k)_{ij} = \begin{cases} (\boldsymbol{s}_{k-\hat{m}_k-1+i})^{\mathrm{T}} \boldsymbol{u}_{k-\hat{m}_k-1+j}, & i \leqslant j, \\ 0, & \text{其他}, \end{cases}$$

$\boldsymbol{C}_k$ 是阶数为 m_k 的对角矩阵, $\boldsymbol{C}_k=\mathrm{diag}[\boldsymbol{s}_{k-\hat{m}_k}^{\mathrm{T}}\boldsymbol{u}_{k-\hat{m}_k},\cdots,\boldsymbol{s}_{k-1}^{\mathrm{T}}\boldsymbol{u}_{k-1}]$, 以及 $\vartheta_k>0$, 其表达式为

$$\vartheta_k=\frac{\boldsymbol{u}_{k-1}^{\mathrm{T}}\boldsymbol{s}_{k-1}}{\boldsymbol{u}_{k-1}^{\mathrm{T}}\boldsymbol{u}_{k-1}}. \tag{2.73}$$

此外, 定义有限记忆 SR1 更新公式为

$$\boldsymbol{D}_k=\vartheta_k\boldsymbol{I}-(\vartheta_k\boldsymbol{U}_k-\boldsymbol{S}_k)(\vartheta_k\boldsymbol{U}_k^{\mathrm{T}}\boldsymbol{U}_k-\boldsymbol{R}_k-\boldsymbol{R}_k^{\mathrm{T}}+\boldsymbol{C}_k)^{-1}(\vartheta_k\boldsymbol{U}_k-\boldsymbol{S}_k)^{\mathrm{T}}. \tag{2.74}$$

其中, 对任意的 k, 令 $\vartheta_k=1$.

下面描述有关有限记忆矩阵的更新过程. 如果上一步是一个严格的步骤, 那么使用有限的记忆 BFGS 更新式 (2.72) 来计算搜索方向 $\boldsymbol{d}_k=-\boldsymbol{D}_k\tilde{\boldsymbol{\xi}}_k$. 现在, 经过严格的一步, 既约次梯度 $\tilde{\boldsymbol{\xi}}_k=\boldsymbol{\xi}_k\in\partial f(\boldsymbol{x}_k)$ 和在前一次迭代中获得的校正矢量 (在算法 2.3 的步 5 中) 可以等同地表示为 $\boldsymbol{s}_{k-1}=\boldsymbol{x}_k-\boldsymbol{x}_{k-1}$ 和 $\boldsymbol{u}_{k-1}=\boldsymbol{\xi}_k-\boldsymbol{\xi}_{k-1}$.

在无效步骤之后, 聚集次梯度 $\tilde{\boldsymbol{\xi}}_k$ 不等于 $\boldsymbol{\xi}_k\in\partial f(\boldsymbol{y}_k)$, 且使用有限记忆 SR1 更新式 (2.74) 计算搜索方向 $\boldsymbol{d}_k=-\boldsymbol{D}_k\tilde{\boldsymbol{\xi}}_k$. 为了保证算法的全局收敛性成立, 序列 $\{w_k\}$(见 2.65) 具有在连续的空步骤中不增加的性质 (即若 $i_{\text{null}}=k-m>1, w_k\leqslant w_{k+1}$). 因此, 每当发生多于一个连续的空步骤时, 满足下列条件

$$\tilde{\boldsymbol{\xi}}_k^{\mathrm{T}}(\boldsymbol{D}_k-\boldsymbol{D}_{k-1})\tilde{\boldsymbol{\xi}}_k\leqslant 0. \tag{2.75}$$

下面给出一种使用有限记忆更新公式 (2.74) 的寻找方向的有效算法. 只要上一步是一个无效步, 就将此算法与算法 2.3 的步 3 结合在一起，这个过程保证条件 (2.75) 成立, 即使在执行了修正式 (2.64) 也是有效的. 为了简化符号, 省略指标 $k-1$.

算法 2.5(SR1 更新和方向查找)

数据: 假设当前校正对的数量是 $\hat{m}$ 和存储的校正对的数量最大值是 $\hat{m}_c$. 假设有最新的向量 $\boldsymbol{s}$ 和 $\boldsymbol{u}$(来自前一次迭代). 当前聚集次梯度 $\tilde{\boldsymbol{\xi}}_k$, 以前聚集次梯度 $\tilde{\boldsymbol{\xi}}$, 以前搜索方向 $\boldsymbol{d}$, $n\times\hat{m}$ 矩阵 $\boldsymbol{S}$, $\boldsymbol{U}$, $\hat{m}\times\hat{m}$ 矩阵 $\boldsymbol{R},\boldsymbol{U}^{\mathrm{T}}\boldsymbol{U},\boldsymbol{C}$ 和以前的缩放参数 ϑ 可用. 此外, 假设连续的空步骤 $i_{\text{null}}\geqslant 1$.

步 1.(初始化) 计算 $\hat{m}$ 维向量 $\boldsymbol{S}^{\mathrm{T}}\tilde{\boldsymbol{\xi}}_k$ 和 $\boldsymbol{U}^{\mathrm{T}}\tilde{\boldsymbol{\xi}}_k$, 令 $\vartheta_k = 1.0, i_{\mathrm{up}} = 0$.

步 2. (正定性) 若

$$-\boldsymbol{d}^{\mathrm{T}}\boldsymbol{u} - \tilde{\boldsymbol{\xi}}^{\mathrm{T}}\boldsymbol{s} < 0, \tag{2.76}$$

则令 $\hat{m}_k = \min\{\hat{m}+1, \hat{m}_c\}$, 计算 $\boldsymbol{s}^{\mathrm{T}}\tilde{\boldsymbol{\xi}}_k$, $\boldsymbol{u}^{\mathrm{T}}\tilde{\boldsymbol{\xi}}_k$. 否则, 跳过更新. 即令 $\boldsymbol{S}_k = \boldsymbol{S}, \boldsymbol{U}_k = \boldsymbol{U}$, $\boldsymbol{R}_k = \boldsymbol{R}, \boldsymbol{U}_k^{\mathrm{T}}\boldsymbol{U}_k = \boldsymbol{U}^{\mathrm{T}}\boldsymbol{U}$, $\boldsymbol{C}_k = \boldsymbol{C}$, $\boldsymbol{S}_k^{\mathrm{T}}\tilde{\boldsymbol{\xi}}_k = \boldsymbol{S}^{\mathrm{T}}\tilde{\boldsymbol{\xi}}_k$, $\boldsymbol{U}_k^{\mathrm{T}}\tilde{\boldsymbol{\xi}}_k = \boldsymbol{U}^{\mathrm{T}}\tilde{\boldsymbol{\xi}}_k$ 和 $\hat{m}_k = \hat{m}$, 并进入到步 8.

步 3. (更新条件) 若 $i_{\mathrm{null}} = 1$ 或者 $\hat{m}_k < \hat{m}_c$, 则更新矩阵, 也就是说, 进入步 4. 否则, 解决线性方程:

$$(\vartheta\boldsymbol{U}^{\mathrm{T}}\boldsymbol{U} - \boldsymbol{R} - \boldsymbol{R}^{\mathrm{T}} + \boldsymbol{C})\boldsymbol{p} = \vartheta\boldsymbol{U}^{\mathrm{T}}\tilde{\boldsymbol{\xi}}_k - \boldsymbol{S}^{\mathrm{T}}\tilde{\boldsymbol{\xi}}_k$$

来获得 $\boldsymbol{p} \in \Re^{\hat{m}}$. 计算向量 $\boldsymbol{z} = \vartheta\tilde{\boldsymbol{\xi}}_k - (\vartheta\boldsymbol{U} - \boldsymbol{S})\boldsymbol{p} \in \Re^n$ 和常数 $a = \tilde{\boldsymbol{\xi}}_k^{\mathrm{T}}\boldsymbol{z}$, 令 $i_{\mathrm{up}} = 1$.

步 4. 通过更新 $\boldsymbol{S}, \boldsymbol{U}$ 来获得 $\boldsymbol{S}_k, \boldsymbol{U}_k$.

步 5. 计算 $\hat{m}_k$ 维向量 $\boldsymbol{S}_k^{\mathrm{T}}\boldsymbol{u}, \boldsymbol{U}_k^{\mathrm{T}}\boldsymbol{u}$.

步 6. 更新 $\hat{m}_k \times \hat{m}_k$ 矩阵 $\boldsymbol{R}_k, \boldsymbol{U}_k^{\mathrm{T}}\boldsymbol{U}_k, \boldsymbol{C}_k$.

步 7. 利用 $\boldsymbol{S}_k^{\mathrm{T}}\tilde{\boldsymbol{\xi}}_k, \boldsymbol{U}_k^{\mathrm{T}}\tilde{\boldsymbol{\xi}}_k, \boldsymbol{s}^{\mathrm{T}}\tilde{\boldsymbol{\xi}}_k, \boldsymbol{u}^{\mathrm{T}}\tilde{\boldsymbol{\xi}}_k$, 构造 $\hat{m}_k$ 维向量 $\boldsymbol{S}_k^{\mathrm{T}}\tilde{\boldsymbol{\xi}}_k$ 和 $\boldsymbol{U}_k^{\mathrm{T}}\tilde{\boldsymbol{\xi}}_k$.

步 8. 中间值, 利用线性方程系统 $(\vartheta_k\boldsymbol{U}_k^{\mathrm{T}}\boldsymbol{U}_k - \boldsymbol{R}_k - \boldsymbol{R}_k^{\mathrm{T}} + \boldsymbol{C}_k)\boldsymbol{p} = \vartheta_k\boldsymbol{U}_k^{\mathrm{T}}\tilde{\boldsymbol{\xi}}_k - \boldsymbol{S}_k^{\mathrm{T}}\tilde{\boldsymbol{\xi}}_k$. 求出 $\boldsymbol{p} \in \Re^{\hat{m}_k}$.

步 9. 搜索方向, 计算

$$\boldsymbol{d}_k = -\vartheta_k\tilde{\boldsymbol{\xi}}_k + (\vartheta_k\boldsymbol{U}_k - \boldsymbol{S}_k)\boldsymbol{p}.$$

步 10. 更新条件 II, 若 $i_{\mathrm{up}} = 1$, 则计算 $b = \tilde{\boldsymbol{\xi}}_k\boldsymbol{d}_k$. 若 $b + a < 0$ 成立, 则令 $\hat{m}_k = \hat{m}, \boldsymbol{S}_k = \boldsymbol{S}, \boldsymbol{U}_k = \boldsymbol{U}, \boldsymbol{R}_k = \boldsymbol{R}, \boldsymbol{U}_k^{\mathrm{T}}\boldsymbol{U}_k = \boldsymbol{U}^{\mathrm{T}}\boldsymbol{U}, \boldsymbol{C}_k = \boldsymbol{C}$ 和 $\boldsymbol{d}_k = -\boldsymbol{Z}$.

条件 (2.76) 可以保证由有限记忆 SR1 更新获得的矩阵是正定的. 此外, 由 $\boldsymbol{u}_{k-1}^{\mathrm{T}}\boldsymbol{S}_{k-1} > 0$, 可以保证由有限记忆 BFGS 更新获得的矩阵的正定性. 由于使用有限记忆 BFGS 算法更新矩阵之前也检查条件 (2.76), 从而所有有限记忆束方法生成的矩阵 $\boldsymbol{D}_k$ 是正定的.

下面证明算法 2.3 的全局收敛性. 对于局部 Lipschitz 连续目标函数达到其局部最小值 (无约束的情况) 的必要条件是 $\mathbf{0} \in \partial f(\boldsymbol{x})$, 即 $\boldsymbol{x}$ 是稳定点. 特别地, 对于一个凸函数这个条件也是充分的, 且其最小值是全局的. 假设目标函数 $f: \Re^n \to \Re$ 是局部的 Lipschitz 连续, 对于任意初始点 $\boldsymbol{x}_1 \in \Re^n$, 水平集 $\{\boldsymbol{x} \in \Re^n, f(\boldsymbol{x}) < f(\boldsymbol{x}_1)\}$ 是有界的. 此外, 假设每次执行线性搜索过程是有限的 (即目标函数被假定为半平滑的[2]). 因为最优性条件 $\mathbf{0} \in \partial f(\boldsymbol{x})$ 是基于 f 的凸性假设下的, 但目标函数 f 不一定是凸函数, 所以只能证明算法 2.3 终止于一个稳定点或者产生无限的序列 $\{\boldsymbol{x}_k\}$ 收敛到函数 f 稳定点. 为此, 假设最终精度公差 ϵ 等于零.

收敛性分析过程通过三个引理入手, 然后证明当 $w_k = 0$ 和 $q_k = 0$ 成立时, 对应点 $\boldsymbol{x}_k$ 是目标函数的稳定点. 对于无限序列 $\{\boldsymbol{x}_k\}$, 由于修正而相当式 (2.64), 首先说明条件 $\{q_k\} \to 0$ 和 $\{w_k\} \to 0$. 因此, 可以限制算法停机参数 w_k. 然后证明引理 2.19, 若对于某些子集 $\kappa \subset \{1, 2, \ldots\}$, 有 $\{\boldsymbol{x}_k\}_{k\in\kappa} \to \bar{\boldsymbol{x}}$ 和 $\{w_k\}_{k\in\kappa} \to 0$, 则称极限点 $\boldsymbol{x}$ 是目标函数的稳定点. 这个结论基于矩阵 $\boldsymbol{D}_k$ 的一致正定性, 也可由校正式 (2.64) 保证. 此外, 基于在有限记忆 SR1 更新期间有额外的测试程序, 序列 $\{w_k\}$ 在连续的空步骤中是不增加, 可以证明 $\boldsymbol{x}_k = \boldsymbol{x}_m$ 的连续无效步的无限序列, 这也说明 $\mathbf{0} \in \partial f(\boldsymbol{x}_m)$ 成立. 最后, 在定理 2.22 中, 基于上述的所有结论可以证明 $\{\boldsymbol{x}_k\}$ 的每个聚点都是目标函数的稳定点.

引理 2.14 *在算法 2.3 的第 k 次迭代中, 有*

$$w_k = \tilde{\boldsymbol{\xi}}_k^{\mathrm{T}} \boldsymbol{D}_k \tilde{\boldsymbol{\xi}}_k + 2\tilde{\beta}_k,$$

$$w_k \geqslant 2\tilde{\beta}_k, \quad w_k \geqslant \varrho \|\tilde{\boldsymbol{\xi}}_k\|^2,$$

$$q_k = \frac{\|\tilde{\boldsymbol{\xi}}_k\|^2}{2} + \tilde{\beta}_k, \quad q_k \geqslant \tilde{\beta}_k, \quad q_k \geqslant \frac{\|\tilde{\boldsymbol{\xi}}_k\|^2}{2}$$

和

$$\beta_{k+1} \geqslant \gamma \|\boldsymbol{y}_{k+1} - \boldsymbol{x}_{k+1}\|^w, \tag{2.77}$$

而且, 对于 $k=k+1$, 若条件 (2.76) 成立, 则

$$\boldsymbol{u}_k^{\mathrm{T}}(\boldsymbol{D}_k\boldsymbol{u}_k-\boldsymbol{s}_k)>0. \tag{2.78}$$

证明　首先需要指出的是, 在式 (2.67),(2.70) 和算法 2.3 中步 1 中, 所有的 $\beta_k \geqslant 0$. 由式 (2.63)-(2.66) 可以得到如下关系式

$$w_k=\tilde{\boldsymbol{\xi}}_k^{\mathrm{T}}\boldsymbol{D}_k\tilde{\boldsymbol{\xi}}_k+2\tilde{\beta}_k,\quad w_k\geqslant 2\tilde{\beta}_k,\quad w_k\geqslant \varrho\|\tilde{\boldsymbol{\xi}}_k\|^2,$$

$$q_k=\frac{\|\tilde{\boldsymbol{\xi}}_k\|^2}{2}+\tilde{\beta}_k,\quad q_k\geqslant\tilde{\beta}_k,\quad q_k\geqslant\frac{\|\tilde{\boldsymbol{\xi}}_k\|^2}{2}.$$

若使用校正式 (2.64), 则有 $\boldsymbol{D}_k=\boldsymbol{D}_k+\varrho\boldsymbol{I}$. 因此, 在这种情况下, 这些结果也是成立的.

由式 (2.67), 对于无效步骤有 $\boldsymbol{x}_{k+1}=\boldsymbol{x}_k$; 另一方面, 对于有效步骤有 $\beta_{k+1}=0$ 和 $\|\boldsymbol{y}_{k+1}-\boldsymbol{x}_{k+1}\|=0$, 对 $\gamma\leqslant 0$ 和 $w\leqslant 1$, 条件 (2.77) 总是成立的.

现在来证明由式 (2.76) 可以得到式 (2.78) 成立. 用 $k+1$ 替换 k, 若式 (2.76) 成立, 则 $\tilde{\boldsymbol{\xi}}_k\neq\boldsymbol{0}$. 否则, 有 $-\boldsymbol{d}_k^{\mathrm{T}}\boldsymbol{u}_k-\tilde{\boldsymbol{\xi}}_k^{\mathrm{T}}\boldsymbol{s}_k=0$. 此外,

$$\boldsymbol{d}_k^{\mathrm{T}}\boldsymbol{u}_k>-\tilde{\boldsymbol{\xi}}_k^{\mathrm{T}}\boldsymbol{s}_k=t_R^k\Theta_k\tilde{\boldsymbol{\xi}}_k^{\mathrm{T}}\boldsymbol{D}_k\tilde{\boldsymbol{\xi}}_k, \tag{2.79}$$

其中 $t_R^k>0$ 和 $\Theta_k\in(0,1]$. 基于 $\boldsymbol{u}_k^{\mathrm{T}}\boldsymbol{s}_k$ 的正定性, Cauchy 不等式以及 $\boldsymbol{s}_k=t_R^k\Theta_k\boldsymbol{d}_k$, 可以得到

$$\begin{aligned}(\boldsymbol{u}_k^{\mathrm{T}}\boldsymbol{s}_k)^2&=(t_R^k\Theta_k\tilde{\boldsymbol{\xi}}_k^{\mathrm{T}}\boldsymbol{D}_k\boldsymbol{u}_k)^2\\&\leqslant(t_R^k\Theta_k)^2\tilde{\boldsymbol{\xi}}_k^{\mathrm{T}}\boldsymbol{D}_k\tilde{\boldsymbol{\xi}}_k\boldsymbol{u}_k^{\mathrm{T}}\boldsymbol{D}_k\boldsymbol{u}_k\\&=t_R^k\Theta_k\boldsymbol{u}_k^{\mathrm{T}}\boldsymbol{D}_k\boldsymbol{u}_k(-\boldsymbol{s}_k^{\mathrm{T}}\tilde{\boldsymbol{\xi}}_k)\\&<t_R^k\Theta_k\boldsymbol{u}_k^{\mathrm{T}}\boldsymbol{D}_k\boldsymbol{u}_k\boldsymbol{d}_k^{\mathrm{T}}\boldsymbol{u}_k\\&=\boldsymbol{u}_k^{\mathrm{T}}\boldsymbol{D}_k\boldsymbol{u}_k\boldsymbol{u}_k^{\mathrm{T}}\boldsymbol{s}_k.\end{aligned}$$

因此, 结论 $\boldsymbol{u}_k^{\mathrm{T}}\boldsymbol{s}_k<\boldsymbol{u}_k^{\mathrm{T}}\boldsymbol{D}_k\boldsymbol{u}_k$ 成立.　□

下面两个引理的证明可分别参考见文献 [53] 的引理 3.2 和 3.3.

引理 2.15 假设算法 2.3 在第 k 步迭代之前不终止. 则存在数 $\lambda^{k,j}\geqslant 0, j=1,\ldots,k,\tilde{\sigma}_k\geqslant 0$, 使得 $(\tilde{\boldsymbol{\xi}}_k,\tilde{\sigma}_k)=\sum_{j=1}^{k}\lambda^{k,j}(\boldsymbol{\xi}_j,\|\boldsymbol{y}_j-\boldsymbol{x}_k\|)$, $\sum_{j=1}^{k}\lambda^{k,j}=1$ 和 $\tilde{\beta}_k\geqslant\gamma\tilde{\sigma}_k^w$.

引理 2.16 假设给定一点 $\bar{\boldsymbol{x}}\in\Re^n$, 存在向量 $\bar{\boldsymbol{g}},\bar{\boldsymbol{\xi}}_i,\bar{\boldsymbol{y}}_i$ 和 $\bar{\lambda}_i\geqslant 0$, 其中 $i=1,\ldots,l,l\geqslant 1$, 使得

$$(\bar{\boldsymbol{g}},\boldsymbol{0})=\sum_{i=1}^{l}\bar{\boldsymbol{\lambda}}_i(\bar{\boldsymbol{\xi}}_i,\|\bar{\boldsymbol{y}}_i-\bar{\boldsymbol{x}}\|),$$

$$\sum_{i=1}^{l}\bar{\lambda}_i=1,$$

$$\bar{\boldsymbol{\xi}}_i\in\partial f(\bar{\boldsymbol{y}}_i),\quad i=1,\ldots,l,$$

则 $\bar{\boldsymbol{g}}\in\partial f(\bar{\boldsymbol{x}})$.

定理 2.17 若算法 2.3 在第 k 次迭代时终止, 则点 $\boldsymbol{x}_k$ 为函数 f 的稳定点.

证明 如果算法 2.3 在步 4 终止, 那么 $\varepsilon=0$, 这说明 $\omega_k=0$ 和 $q_k=0$. 因此, 由引理 2.14 和 2.15 可知, $\tilde{\boldsymbol{\xi}}_k=\boldsymbol{0}$ 和 $\tilde{\beta}_k=\tilde{\sigma}_k=0$. 基于引理 2.15 和 2.16, 以及

$$\bar{\boldsymbol{x}}=\boldsymbol{x}_k,\quad l=k,\quad \bar{\boldsymbol{g}}=\tilde{\xi}_k,$$

$$\bar{\boldsymbol{\xi}}_i=\boldsymbol{\xi}_i,\quad \bar{\boldsymbol{y}}_i=\boldsymbol{y}_i,\quad \bar{\lambda}_i=\lambda^{k,i},\quad i\leqslant k,$$

可以得到 $\boldsymbol{0}=\tilde{\boldsymbol{\xi}}_k\in\partial f(\boldsymbol{x}_k)$. 因此, $\boldsymbol{x}_k$ 为 f 的稳定点. □

下面假设算法 3.2 不终止, 即 $\forall k$, 有 $w_k>0$ 和 $q_k>0$ 成立.

引理 2.18 假设算法 2.3 中的终止参数 w_k 和 q_k 分别由式 (2.65) 和 (2.66) 定义, 则 $\{q_k\}\to 0$ 与 $\{w_k\}\to 0$ 等价.

证明 由条件 $\{q_k\}\to 0$ 和引理 2.14, 可以得到 $\{\tilde{\boldsymbol{\xi}}_k\}\to\boldsymbol{0}$ 和 $\{\tilde{\beta}_k\}\to 0$, 因此 $\{w_k\}\to 0$. 另一方面, 基于引理 2.14, 对于校正参数 $\varrho\in\left(0,\dfrac{1}{2}\right)$, 有 $w_k\geqslant 2\tilde{\beta}_k\geqslant 0$ 和 $w_k\geqslant\varrho\|\tilde{\boldsymbol{\xi}}_k\|^2$ 成立. 故由 $\{w_k\}\to 0$ 得到 $\{\tilde{\beta}_k\}\to 0$ 和 $\{\tilde{\boldsymbol{\xi}}\}\to\boldsymbol{0}$. 从而也有 $\{q_k\}\to 0$. □

鉴于引理 2.18, 下面考虑限制停止参数 w_k.

引理 2.19　假设水平集 $\{\boldsymbol{x} \in \Re^n | f(\boldsymbol{x}) \leqslant f(\boldsymbol{x}_1)\}$ 是有界的, 则序列 $\{\boldsymbol{y}_k\}$ 和 $\{\boldsymbol{\xi}_k\}$ 也是有界. 此外, 若存在一个点 $\bar{\boldsymbol{x}} \in \Re^n$ 和一个无限集合 $\kappa \subset \{1, 2, \ldots, \}$, 使得 $\{\boldsymbol{x}_k\}_{k\subset\kappa} \to \bar{\boldsymbol{x}}$ 和 $\{w_k\}_{k\subset\kappa} \to 0$, 则 $\boldsymbol{0} \in \partial f(\bar{\boldsymbol{x}})$.

引理 2.20　假设水平集 $\{\boldsymbol{x} \in \Re^n | f(\boldsymbol{x}) \leqslant f(\boldsymbol{x}_1)\}$ 是有界的, 有效步骤数是有限的, 在迭代过程中第 $m-1$ 步存在一个有效步骤. 则存在 $k^* \geqslant m$, 对于 $k \geqslant k^*$, 使得

$$\tilde{\boldsymbol{\xi}}_{k+1}^{\mathrm{T}} \boldsymbol{D}_{k+1} \tilde{\boldsymbol{\xi}}_{k+1} \leqslant \tilde{\boldsymbol{\xi}}_{k+1}^{\mathrm{T}} \boldsymbol{D}_k \tilde{\boldsymbol{\xi}}_{k+1} \tag{2.80}$$

和

$$\operatorname{tr}(\boldsymbol{D}_k) < \frac{3n}{2}, \tag{2.81}$$

其中 $\operatorname{tr}(\boldsymbol{D}_k)$ 表示矩阵 $\boldsymbol{D}_k$ 的迹.

证明　假设对于所有的 $k \geqslant m$, 有 $i_{CN} = 0$, 即校正矩阵 $\varrho \boldsymbol{I}$(参见算法 2.3 步 3) 不加到任何指标 $k \geqslant m$ 的矩阵 $\boldsymbol{D}_k$ 上. 如果不使用有限记忆 SR1 方法更新, 则有 $\boldsymbol{D}_{k+1} = \boldsymbol{D}_k$, 式 (2.80) 是成立的. 否则, 若 $\hat{m}_k < \hat{m}_C$, 则有限记忆 SR1 更新与标准 SR1 更新等价, 且有

$$\boldsymbol{D}_{k+1} = \boldsymbol{D}_k - \frac{(\boldsymbol{D}_k \boldsymbol{u}_k - \boldsymbol{s}_k)(\boldsymbol{D}_k \boldsymbol{u}_k - \boldsymbol{s}_k)^{\mathrm{T}}}{\boldsymbol{u}_k^{\mathrm{T}} (\boldsymbol{D}_k \boldsymbol{u}_k - \boldsymbol{S}_k)}.$$

由引理 2.14, 得到分母 $\boldsymbol{u}_k^{\mathrm{T}}(D_k \boldsymbol{u}_k - \boldsymbol{S}_k) > 0$, 分子是 (半) 正定矩阵. 因此, 式 (2.80) 在 $\hat{m}_k < \hat{m}_C$ 的情形下是成立的.

最后, 若 $\hat{m}_k = \hat{m}_C$, 只有在满足条件 $\tilde{\boldsymbol{\xi}}_{k+1}^{\mathrm{T}} (\boldsymbol{D}_{k+1} - \boldsymbol{D}_k) \tilde{\boldsymbol{\xi}}_{k+1} \leqslant 0$ 时更新矩阵. 因为对所有的 $k \geqslant m$, 有 $i_{CN} = 0$, 此时校正矩阵 $\varrho \boldsymbol{I}$ 不添加到新矩阵 $\boldsymbol{D}_{k+1}$, 从而式 (2.80) 仍然成立. 进一步地, 对于 $k \geqslant m$, 有

$$\operatorname{tr}(\boldsymbol{D}_k) - \frac{3n}{2} = \operatorname{tr}(\boldsymbol{D}_k) - \operatorname{tr}(\boldsymbol{I}) - \frac{n}{2} = \operatorname{tr}(\boldsymbol{D}_k - \boldsymbol{I}) - \frac{n}{2} < 0,$$

由式 (2.76), 矩阵 $\boldsymbol{D}_k - \boldsymbol{I}$ 是负 (半) 正定的. 可以得到对于所有 $k \geqslant m$, 若 $i_{CN} = 0$, 令 $k^* = m$, 则式 (2.80) 和 (2.81) 是成立的.

若对任意的 $k \geqslant m$, 式 $i_{CN} = 0$ 不成立, 则校正矩阵 $\varrho \boldsymbol{I}$ 加到所

有下标 $k \geqslant \bar{k}$ 的矩阵 $\boldsymbol{D}_k$, 且 $\varrho \in \left(0, \dfrac{1}{2}\right)$, 其中 $\bar{k}$ 表示第一次发生 $i_{CN}=1$ 时迭代时 $k \geqslant m$ 的指标. 有限记忆矩阵 $\boldsymbol{S}_k, \boldsymbol{U}_k, \boldsymbol{R}_k$ 不包含校正矩阵 $\varrho \boldsymbol{I}$ 的信息, 因为可能已经在前一次迭代中被添加到矩阵 $\boldsymbol{D}_k$ 中. 记 $\hat{\boldsymbol{D}}_k$ 为有限记忆方法得到的矩阵和校正矩阵 $\boldsymbol{D}_k$, 即对任意的 $k \geqslant \bar{k}$, 有 $\boldsymbol{D}_k = \hat{\boldsymbol{D}}_k + \varrho \boldsymbol{I}$, 其中假设 $i_{CN}=1$.

上面给出的所有结果对于 $\hat{\boldsymbol{D}}_k, \hat{\boldsymbol{D}}_{k+1}$ 都是成立的. $\forall k, k \geqslant \bar{k}$, 得到 $\boldsymbol{D}_k = \hat{\boldsymbol{D}}_k + \varrho \boldsymbol{I}$, 并令 $\boldsymbol{D}_k = \hat{\boldsymbol{D}}_{k+1} + \varrho \boldsymbol{I}$. 因为式 (2.80) 对于所有 $k \geqslant k^* = \bar{k}$ 都成立. 所以对于任意的 $k \leqslant \bar{k}$, 都有

$$
\begin{aligned}
\operatorname{tr}(\boldsymbol{D}_k) - \frac{3n}{2} &= \operatorname{tr}(\hat{\boldsymbol{D}}_k + \varrho \boldsymbol{I}) - \operatorname{tr}(\boldsymbol{I}) - \frac{n}{2} \\
&= \operatorname{tr}(\hat{\boldsymbol{D}}_k - \boldsymbol{I}) + \operatorname{tr}(\varrho \boldsymbol{I}) - \frac{n}{2} \\
&< \operatorname{tr}(\hat{\boldsymbol{D}}_k - \boldsymbol{I}) + \frac{n}{2} - \frac{n}{2} \\
&\leqslant 0
\end{aligned}
$$

成立, 由于矩阵 $\hat{\boldsymbol{D}}_k - \boldsymbol{I}$ 是负 (半) 定的且 $\varrho \in \left(0, \dfrac{1}{2}\right)$. 因此, 对于 $k \geqslant k^*$, 条件 (2.80),(2.81) 是成立的, 其中 $k^* = \max\{\bar{k}, m\}$. 当 $i_{CN}=0$ 时, $\bar{k}=1$ 成立. □

引理 2.21 假设水平集 $\{\boldsymbol{x} \in \Re^n | f(\boldsymbol{x}) < f(\boldsymbol{x}_1)\}$ 是有界的, 有效步骤数是有限的, 最后一个严格的步骤是在第 $m-1$ 迭代发生. 则 $\boldsymbol{x}_m$ 对于函数 f 的是稳定的.

证明 由式 (2.68)-(2.70), 以及引理 2.14 和引理 2.20, 可以得到

$$
\begin{aligned}
w_{k+1} &= \tilde{\boldsymbol{\xi}}_{k+1}^{\mathrm{T}} \boldsymbol{D}_{k+1} \tilde{\boldsymbol{\xi}}_{k+1} + 2\tilde{\beta}_{k+1} \\
&\leqslant \tilde{\boldsymbol{\xi}}_{k+1}^{\mathrm{T}} \boldsymbol{D}_k \tilde{\boldsymbol{\xi}}_{k+1} + 2\tilde{\beta}_{k+1} \\
&= \varphi(\lambda_1^k, \lambda_2^k, \lambda_3^k) \\
&\leqslant \varphi(0,0,1) \\
&= \tilde{\boldsymbol{\xi}}_k^{\mathrm{T}} \boldsymbol{D}_k \tilde{\boldsymbol{\xi}}_k + 2\tilde{\beta}_k = w_k,
\end{aligned} \tag{2.82}
$$

其中 $k \geqslant k^*$ 且 k^* 已在引理 2.20 中定义.

记 $\boldsymbol{D}_k = \boldsymbol{W}_k^{\mathrm{T}} \boldsymbol{W}_k$, 则式 (2.68) 中函数 φ 可以表示为下列形式

$$\varphi(\lambda_1^k, \lambda_2^k, \lambda_3^k) = \|\lambda_1^k \boldsymbol{W}_k \boldsymbol{\xi}_m + \lambda_2^k \boldsymbol{W}_k \boldsymbol{\xi}_{k+1} + \lambda_3^k \boldsymbol{W}_k \tilde{\boldsymbol{\xi}}_k\|^2 + 2(\lambda_2^k \beta_{k+1} + \lambda_3^k \tilde{\beta}_k).$$

由式 (2.82), 可以得到序列 $\{w_k\}, \{\boldsymbol{W}_k \tilde{\boldsymbol{\xi}}_k\}, \{\tilde{\beta}_k\}$ 是有界的. 进一步有, 引理 2.20 确保了 $\{D_k\}$ 和 $\{W_k\}$ 的有界性. 由引理 2.19, 可以得到 $\{y_k\}$, $\{\xi_k\}$ 和 $\{W_k \xi_{k+1}\}$ 的有界性.

又由于使用缩放方向向量 $\theta_k \boldsymbol{d}_k$, $\left(\theta_k = \min\left\{1, \dfrac{C}{\|\boldsymbol{d}_k\|}\right\},\right)$ 其中,$C > 0$ 和缩放线搜索参数 $\varepsilon_R^k = \Theta_k \varepsilon_R^I$. 最后部分类似 [53] 中引理 3.6 第二部分的证明. □

定理 2.22　*假设水平集 $\{\boldsymbol{x} \in \Re^n | f(\boldsymbol{x}) < f(\boldsymbol{x}_1)\}$ 是有界的. 那么, 序列 $\{\boldsymbol{x}_k\}$ 的每个极限点为函数 f 的稳定点.*

证明　假设 $\bar{\boldsymbol{x}}$ 为序列 $\{\boldsymbol{x}_k\}$ 的聚点, $\kappa \subset \{1, 2, \ldots\}$ 为无限集合且满足 $\{\boldsymbol{x}_k\}_{k \in \kappa} \to \bar{\boldsymbol{x}}$. 鉴于引理 2.21, 考虑有效步骤的数量为无限次的情形, 记

$$\kappa' = \{k | t_L^k > 0, \exists i \in \kappa, i \leqslant k, \quad \text{s.t.} \quad \boldsymbol{x}_i = \boldsymbol{x}_k\}.$$

显然, κ' 为无限集合，$\{\boldsymbol{x}_k\}_{k \in \kappa'} \to \bar{\boldsymbol{x}}$. 由函数 f 的连续性有, $\{f_k\}_{k \in \kappa'} \to f(\bar{\boldsymbol{x}})$. 从而由严格下降标准式 (2.71) 得到的序列 $\{f_k\}$ 的单调性知, $\{f_k\} \downarrow f(\bar{\boldsymbol{x}})$. 再由 $t_L^k \geqslant 0, \forall k \geqslant 1$ 以及式 (2.71), 可以得到

$$0 \leqslant \varepsilon_L^k t_L^k w_k \leqslant f_k - f_{k+1} \to 0, \quad k \geqslant 1, \tag{2.83}$$

若集合 $\kappa_1 = \{k \in \kappa' | t_L^k \geqslant t_{\min}\}$ 是无限的, 由上式有 $\{w_k\}_{k \in \kappa_1} \to 0$ 和 $\{\boldsymbol{x}_k\}_{k \in \kappa_1} \to \bar{\boldsymbol{x}}$. 从而由引理 2.19 知 $\mathbf{0} \in \partial f(\bar{\boldsymbol{x}})$.

若集合 κ_1 是有限的, 那么集合 $\kappa_2 = \{k \in \kappa' | \beta_{k+1} > \varepsilon_A^k w_k\}$ 是无限的. 反之, 假设

$$w_k \geqslant \delta > 0, \quad \forall k \in \kappa_2.$$

由式 (2.83), 有 $\{t_L^k\}_{k \in \kappa_2} \to 0$, 以及由算法 2.3 中的步 5 可以得到

$$\|\boldsymbol{x}_{k+1} - \boldsymbol{x}_k\| = t_L^k \Theta_k \|\boldsymbol{d}_k\| \leqslant t_L^k C, \quad \forall k \geqslant 1.$$

因此, $\{\|\boldsymbol{x}_{k+1}-\boldsymbol{x}_k\|\}_{k\in\kappa_2}\to 0$ 成立. 由式 (2.67) 和 (2.83), 引理 2.19, 序列 $\{\xi_k\}$ 的有界性, 以及在有效步骤中 $\boldsymbol{y}_{k+1}=\boldsymbol{x}_{k+1}$, 可以得到 $\{\beta_{k+1}\}_{k\in\kappa_2}\to 0$, 这与 $\varepsilon_A^k\delta\leqslant\varepsilon_A^k w_k<\beta_{k+1}, k\in\kappa_2$ 矛盾. 因此, 由引理 2.19 知, 存在无限集合 $\kappa_3\subset\kappa_2$ 使得 $\{w_k\}_{k\in\kappa_3}\to 0$, $\{\boldsymbol{x}_k\}_{k\in\kappa_3}\to\bar{\boldsymbol{x}}$ 和 $\boldsymbol{0}\in\partial f(\bar{\boldsymbol{x}})$. □

若选择 $\epsilon>0$, 则算法 2.3 会在有限步内终止. 这是基于下列事实: 若有效步骤的数量是有限的, 有 $\{w\}_k\to 0$ 和 $\{q\}_k\to 0$(参考见文 [53] 中引理 3.6(ii) 和本节引理 2.18 和引理 2.21 的证明). 若有效步骤数是无限的, 则或者有 $\{w_k\}_{k\in\kappa_1}\to 0$ 和 $\{q_k\}_{k\in\kappa_1}\to 0$ 成立, 或者有 $\{w_k\}_{k\in\kappa_3}\to 0$ 和 $\{q_k\}_{k\in\kappa_3}\to 0$ 成立 (见本节引理 2.18 和定理 2.22 的证明).

第 3 章　共轭梯度法

3.1　共轭梯度方法基本框架

本节考虑求解正定二次目标函数极小点问题的共轭方向法. 设

$$\min f(\boldsymbol{x}) = \frac{1}{2}\boldsymbol{x}^{\mathrm{T}}\boldsymbol{G}\boldsymbol{x} + \boldsymbol{b}^{\mathrm{T}}\boldsymbol{x} + c, \tag{3.1}$$

其中, $\boldsymbol{G}$ 为 n 阶对称正定矩阵, b 为 n 维常向量, c 为常数. 共轭梯度法是在每一迭代步利用当前点处的最速下降方向来生成关于 f 的 Hessian 矩阵 $\boldsymbol{G}$ 的共轭方向, 并建立求 f 在 $\Re^n$ 上的极小点的方法. 这一方法最早由 Hesteness 和 Stiefel 在求解对称正定线性方程组时提出来, 后来经过 Fletcher 等研究应用于无约束优化问题, 取得了丰富的成果. 共轭梯度法也因此成为求解无约束优化问题的一类重要算法, 对于共轭梯度法更详细的理论结果, 读者可以参见文献 [40, 64].

设函数 f 由 (3.1) 定义所得, 则 f 的梯度和 Hessian 矩阵分别为

$$\boldsymbol{g}(\boldsymbol{x}) = \nabla f(\boldsymbol{x}) = \boldsymbol{G}\boldsymbol{x} + \boldsymbol{b}, \quad \boldsymbol{G}(\boldsymbol{x}) = \nabla^2 f(\boldsymbol{x}) = \boldsymbol{G}. \tag{3.2}$$

取初始方向 $\boldsymbol{d}_0$ 为初始点 $\boldsymbol{x}_0$ 处的负梯度方向, 即

$$\boldsymbol{d}_0 = -\nabla f(\boldsymbol{x}_0) = -\boldsymbol{g}_0. \tag{3.3}$$

从 $\boldsymbol{x}_0$ 出发沿 $\boldsymbol{d}_0$ 方向进行精确线搜索求得步长 α_0, 令 $\boldsymbol{x}_1 = \boldsymbol{x}_0 + \alpha_0\boldsymbol{d}_0$, 且

$$\nabla f(\boldsymbol{x}_1)^{\mathrm{T}}\boldsymbol{d}_0 = \boldsymbol{g}_1^{\mathrm{T}}\boldsymbol{d}_0 = 0. \tag{3.4}$$

在点 $\boldsymbol{x}_1$ 处, 用 f 在 $\boldsymbol{x}_1$ 的负梯度方向 $-\boldsymbol{g}_1$ 与 $\boldsymbol{d}_0$ 的组合来生成 $\boldsymbol{d}_1$, 即

$$\boldsymbol{d}_1 = -\boldsymbol{g}_1 + \beta_0\boldsymbol{d}_0, \tag{3.5}$$

对于系数 β_0 的选取, 需要使 $\boldsymbol{d}_1$ 与 $\boldsymbol{d}_0$ 关于 $\boldsymbol{G}$ 共轭, 即满足

$$\boldsymbol{d}_1^{\mathrm{T}}\boldsymbol{G}\boldsymbol{d}_0=0, \tag{3.6}$$

将式 (3.5) 代入式 (3.6) 得

$$\beta_0=\frac{\boldsymbol{g}_1^{\mathrm{T}}\boldsymbol{G}\boldsymbol{d}_0}{\boldsymbol{d}_0^{\mathrm{T}}\boldsymbol{G}\boldsymbol{d}_0}. \tag{3.7}$$

由式 (3.2) 得

$$\boldsymbol{g}_1-\boldsymbol{g}_0=\boldsymbol{G}(\boldsymbol{x}_1-\boldsymbol{x}_0)=\alpha\boldsymbol{G}\boldsymbol{d}_0. \tag{3.8}$$

另外, 因 $\boldsymbol{g}_2^{\mathrm{T}}\boldsymbol{d}_i=0(i=0,1)$, 故由式 (3.3)-(3.5) 可得

$$\boldsymbol{g}_2^{\mathrm{T}}\boldsymbol{g}_0=0,\quad \boldsymbol{g}_2^{\mathrm{T}}\boldsymbol{g}_1=0,\quad \boldsymbol{d}_0^{\mathrm{T}}\boldsymbol{g}_0=-\boldsymbol{g}_0^{\mathrm{T}}\boldsymbol{g}_0,\quad \boldsymbol{d}_1^{\mathrm{T}}\boldsymbol{g}_1=-\boldsymbol{g}_1^{\mathrm{T}}\boldsymbol{g}_1.$$

假设已得到的相互共轭的搜索方向 $\boldsymbol{d}_0,\boldsymbol{d}_1,\ldots,\boldsymbol{d}_{k-1}$, 由精确线搜索得到的步长为 $\alpha_0,\alpha_1,\ldots,\alpha_{k-1}$ 且满足

$$\begin{cases}\boldsymbol{d}_{k-1}^{\mathrm{T}}\boldsymbol{G}\boldsymbol{d}_i=0, & i=0,1,\ldots,k-2,\\ \boldsymbol{d}_i^{\mathrm{T}}\boldsymbol{g}_i=-\boldsymbol{g}_i^{\mathrm{T}}\boldsymbol{g}_i, & i=0,1,\ldots,k-1,\\ \boldsymbol{g}_k^{\mathrm{T}}\boldsymbol{g}_i=0,\quad \boldsymbol{g}_k^{\mathrm{T}}\boldsymbol{d}_i=0, & i=0,1,\ldots,k-1.\end{cases} \tag{3.9}$$

现令

$$\boldsymbol{d}_k=-\boldsymbol{g}_k+\beta_{k-1}\boldsymbol{d}_{k-1}+\sum_{i=0}^{k-2}\beta_k^{(i)}\boldsymbol{d}_i, \tag{3.10}$$

其中 $\beta_{k-1},\beta_k^{(i)}(i=0,1,\ldots,k-2)$ 的选择要满足

$$\boldsymbol{d}_k^{\mathrm{T}}\boldsymbol{G}\boldsymbol{d}_i=0,\quad i=0,1,\ldots,k-1. \tag{3.11}$$

用 $\boldsymbol{d}_i^{\mathrm{T}}\boldsymbol{G}(i=0,1,\ k-1)$ 左乘 (3.10) 得

$$\beta_{k-1}=\frac{\boldsymbol{g}_k^{\mathrm{T}}\boldsymbol{G}\boldsymbol{d}_{k-1}}{\boldsymbol{d}_{k-1}^{\mathrm{T}}\boldsymbol{G}\boldsymbol{d}_{k-1}},\quad \beta_k^{(i)}=\frac{\boldsymbol{g}_k^{\mathrm{T}}\boldsymbol{G}\boldsymbol{d}_i}{\boldsymbol{d}_i^{\mathrm{T}}\boldsymbol{G}\boldsymbol{d}_i},\quad i=0,1,\ldots,k-2. \tag{3.12}$$

类似式 (3.8) 有

$$\boldsymbol{g}_{i+1} - \boldsymbol{g}_i = \boldsymbol{G}(\boldsymbol{x}_{i+1} - \boldsymbol{x}_i) = \alpha_i \boldsymbol{G}\boldsymbol{d}_i, \quad i = 0, 1, ..., k-1$$

及

$$\alpha_i \boldsymbol{G}\boldsymbol{d}_i = \boldsymbol{g}_{i+1} - \boldsymbol{g}_i, \quad i = 0, 1, ..., k-1. \tag{3.13}$$

由归纳法假设 (3.9) 可得

$$\beta_k^{(i)} = \frac{\boldsymbol{g}_k^{\mathrm{T}}\boldsymbol{G}\boldsymbol{d}_i}{\boldsymbol{d}_i^{\mathrm{T}}\boldsymbol{G}\boldsymbol{d}_i} = \frac{\boldsymbol{g}_k^{\mathrm{T}}(\boldsymbol{g}_{i+1} - \boldsymbol{g}_i)}{\boldsymbol{d}_i^{\mathrm{T}}(\boldsymbol{g}_{i+1} - \boldsymbol{g}_i)}, \quad i = 0, 1, 2..., k-2.$$

于是第 k 步的搜索方向为

$$\boldsymbol{d}_k = -\boldsymbol{g}_k + \beta_{k-1}\boldsymbol{d}_{k-1}, \tag{3.14}$$

其中 β_{k-1} 由 (3.12) 确定，即

$$\beta_{k-1} = \frac{\boldsymbol{g}_k^{\mathrm{T}}\boldsymbol{G}\boldsymbol{d}_{k-1}}{\boldsymbol{d}_{k-1}^{\mathrm{T}}\boldsymbol{G}\boldsymbol{d}_{k-1}}. \tag{3.15}$$

同时有 $\boldsymbol{d}_k^{\mathrm{T}}\boldsymbol{g}_k = -\boldsymbol{g}_k^{\mathrm{T}}\boldsymbol{g}_k$. 这样式 (3.3),(3.14) 和式 (3.15) 确定了一组由负梯度方向形成的共轭方向, 而把沿着这组方向进行迭代的方法称为共轭梯度法. 上面的推导过程实际上已经证明了下述结论:

定理 3.1　对于正定二次函数的极小化问题 (3.1), 由式 (3.3),(3.14) 和 (3.1) 确定搜索方向 $\boldsymbol{d}_k$, 并采用精确线搜索确定步长因子 α_k 的共轭方向法, 至多经过 n 步迭代便能求得问题 (3.1) 的极小点, 并且对所有的 $k(1 \leqslant k \leqslant n)$ 有

$$\begin{cases} \boldsymbol{d}_k^{\mathrm{T}}\boldsymbol{G}\boldsymbol{d}_i = 0, & i = 0, 1, ..., k-1, \\ \boldsymbol{d}_i^{\mathrm{T}}\boldsymbol{g}_i = -\boldsymbol{g}_i^{\mathrm{T}}\boldsymbol{g}_i, & i = 0, 1, ..., k, \\ \boldsymbol{g}_{k+1}^{\mathrm{T}}\boldsymbol{g}_i = 0, \boldsymbol{g}_{k+1}\boldsymbol{d}_i = 0, & i = 0, 1, ..., k. \end{cases}$$

为了使算法能够求解非二次目标函数的极小问题, 需要设法消去式 (3.15) 中的矩阵 $\boldsymbol{G}$. 由定理 3.1 及式 (3.13) 得

$$\alpha_{k-1}\boldsymbol{g}_k^{\mathrm{T}}\boldsymbol{G}\boldsymbol{d}_{k-1} = \boldsymbol{g}_k^{\mathrm{T}}(\boldsymbol{g}_k - \boldsymbol{g}_{k-1}) = \boldsymbol{g}_k^{\mathrm{T}}\boldsymbol{g}_k,$$

$$\begin{aligned}\alpha_{k-1}\boldsymbol{d}_{k-1}^{\mathrm{T}}\boldsymbol{G}\boldsymbol{d}_{k-1} &= (-\boldsymbol{g}_{k-1}+\beta_{k-2}\boldsymbol{d}_{k-2})^{\mathrm{T}}(\boldsymbol{g}_k-\boldsymbol{g}_{k-1}) \\ &= \boldsymbol{g}_{k-1}^{\mathrm{T}}\boldsymbol{g}_{k-1}.\end{aligned}$$

由此, 式 (3.15) 可化为

$$\beta_{k-1} = \frac{\boldsymbol{g}_k^{\mathrm{T}}\boldsymbol{g}_k}{\boldsymbol{g}_{k-1}^{\mathrm{T}}\boldsymbol{g}_{k-1}}. \tag{3.16}$$

上面公式一般称为 Fletcher-Reeves(FR) 共轭梯度公式[17]. 下面列举几个比较著名的共轭梯度公式:

$$\beta_k = \frac{\boldsymbol{g}_{k+1}^{\mathrm{T}}\boldsymbol{g}_{k+1}}{-\boldsymbol{d}_k^{\mathrm{T}}\boldsymbol{g}_k}, \quad \text{(Conjugate Descent [16])},$$

$$\beta_k = \frac{\boldsymbol{g}_{k+1}^{\mathrm{T}}\boldsymbol{g}_{k+1}}{\boldsymbol{d}_k^{\mathrm{T}}(\boldsymbol{g}_{k+1}-\boldsymbol{g}_k)}, \quad \text{(Dai-Yuan(DY) [11])},$$

$$\beta_k = \frac{\boldsymbol{g}_{k+1}^{\mathrm{T}}(\boldsymbol{g}_{k+1}-\boldsymbol{g}_k)}{\boldsymbol{d}_k^{\mathrm{T}}(\boldsymbol{g}_{k+1}-\boldsymbol{g}_k)}, \quad \text{(Hestenes-Stiefel(HS) [27])},$$

$$\beta_k = \frac{\boldsymbol{g}_{k+1}^{\mathrm{T}}(\boldsymbol{g}_{k+1}-\boldsymbol{g}_k)}{\boldsymbol{g}_k^{\mathrm{T}}\boldsymbol{g}_k}, \quad \text{(Polak-Ribière-Polyak (PRP)[44, 45])},$$

$$\beta_k = \frac{\boldsymbol{g}_{k+1}^{\mathrm{T}}\boldsymbol{d}_k}{-\boldsymbol{d}_k^{\mathrm{T}}\boldsymbol{g}_k}, \quad \text{(Liu-Storey(LS) [37])},$$

$$\begin{aligned}\beta_k = &\frac{1}{\boldsymbol{d}_k^{\mathrm{T}}(\boldsymbol{g}_{k+1}-\boldsymbol{g}_k)} \\ &\cdot\left(\boldsymbol{g}_{k+1}-\boldsymbol{g}_k-2\boldsymbol{d}_k\frac{\|\boldsymbol{g}_{k+1}-\boldsymbol{g}_k\|^2}{\boldsymbol{d}_k^{\mathrm{T}}(\boldsymbol{g}_{k+1}-\boldsymbol{g}_k)}\right)\boldsymbol{g}_{k+1}. \quad \text{(Hager-Zhang(HZ) [25])}.\end{aligned}$$

3.2 改进的 HS 算法

本节内容取自于文献 [58]. 考虑优化问题

$$\min_{\boldsymbol{x}\in\Re^n} f(\boldsymbol{x}), \tag{3.17}$$

其中 $f : \Re^n \to \Re$ 为非光滑凸函数. 利用 1.4 节中的 Moreau-Yosida 正则化函数 $F(\boldsymbol{x})$, 得到与 (3.17) 等价的优化问题

$$\min_{\boldsymbol{x}\in\Re^n} F(\boldsymbol{x}). \tag{3.18}$$

在 3.1 节讨论的基础上, 本节提出了一个改进的 HS 算法. 改进的共轭梯度公式为

$$\boldsymbol{d}_{k+1}=\begin{cases}-\boldsymbol{g}^\alpha(\boldsymbol{x}_{k+1},\varepsilon_{k+1}) \\ \quad +\dfrac{\boldsymbol{g}^\alpha(\boldsymbol{x}_{k+1},\varepsilon_{k+1})^{\mathrm{T}}\boldsymbol{y}_k\boldsymbol{d}_k-\boldsymbol{d}_k^{\mathrm{T}}\boldsymbol{g}^\alpha(\boldsymbol{x}_{k+1},\varepsilon_{k+1})\boldsymbol{y}_k}{\max\{2\gamma\|\boldsymbol{d}_k\|\|\boldsymbol{y}_k\|,\boldsymbol{d}_k^{\mathrm{T}}\boldsymbol{y}_k\}}, & 若\quad k\geqslant 1, \\ -\boldsymbol{g}^\alpha(\boldsymbol{x}_{k+1},\varepsilon_{k+1}). & 若\quad k=0,\end{cases} \tag{3.19}$$

其中 $\boldsymbol{y}_k=\boldsymbol{g}^\alpha(\boldsymbol{x}_{k+1},\varepsilon_{k+1})-\boldsymbol{g}^\alpha(\boldsymbol{x}_k,\varepsilon_k)$ 且 $\boldsymbol{d}_k$ 是搜索方向. 若使用精确线搜索, 很明显地, 式 (3.19) 会变为标准的 HS 公式. 因此, 称这个公式为改进的 HS 公式. 对任意的 k, 很容易得到 $\boldsymbol{d}_{k+1}^{\mathrm{T}}\boldsymbol{g}^\alpha(\boldsymbol{x}_{k+1},\varepsilon_{k+1})=-\|\boldsymbol{g}^\alpha(\boldsymbol{x}_{k+1},\varepsilon_{k+1})\|^2$, 这说明了此搜索方向具有充分下降性. Zhang 及合作者定义了第一个具有充分下降性的三项共轭梯度公式, 具体可见文献 [66], 一些类似式 (3.19) 的观点可参考文献 [60, 62]. 算法的步骤如下:

算法 3.1(改进的 HS 算法求解非光滑问题)

步 1. 初始化. 给定初始点 $x_0\in\Re^n$ 和常数满足 $\sigma\in(0,1)$, $s>0$, $\lambda>0$, $\gamma>0$, $\boldsymbol{d}_0=-\boldsymbol{g}^\alpha(\boldsymbol{x}_0,\varepsilon_0)$ 和 $\epsilon\in(0,1)$. 令 $k=0$.

步 2. 终止条件. 如果 $\boldsymbol{x}_k$ 满足问题 (3.18) 的终止条件 $\|\boldsymbol{g}^\alpha(\boldsymbol{x}_k,\varepsilon_k)\|<\epsilon$, 则停止; 否则, 进行下一步.

步 3. 选则参数 ε_{k+1} 满足 $0<\varepsilon_{k+1}<\varepsilon_k$ 并且用 Armijo 线搜索方法计算步长 α_k:

$$F^\alpha(\boldsymbol{x}_k+\alpha_k\boldsymbol{d}_k,\varepsilon_{k+1})-F^\alpha(\boldsymbol{x}_k,\varepsilon_k)\leqslant\sigma\alpha_k\boldsymbol{g}^\alpha(\boldsymbol{x}_k,\varepsilon_k)^{\mathrm{T}}\boldsymbol{d}_k, \tag{3.20}$$

其中 $\alpha_k=s\times 2^{-i_k}$, $i_k\in\{0,1,2,\ldots\}$.

步 4. 令 $\boldsymbol{x}_{k+1}=\boldsymbol{x}_k+\alpha_k\boldsymbol{d}_k$. 如果 $\|\boldsymbol{g}^\alpha(\boldsymbol{x}_{k+1},\varepsilon_{k+1})\|<\epsilon$, 则停止; 否则, 进行下一步.

步 5. 用式 (3.19) 更新搜索方向.

步 6. 令 $k=k+1$, 并返回至步 3.

注 3.2 在式 (3.20) 中用到的线搜索技术是 Armijo 线搜索, 可以证明存在一个步长 $\alpha_k>0$ 满足 Armijo 线搜索公式. 因此, 算法 3.1 是合适的.

下面研究算法 3.1 求解问题 (3.17) 时的全局收敛性. 首先，给出一些需要的假设条件.

假设 3.1 (i) 设序列 $\{\boldsymbol{V}_k\}$ 有界, 那么存在 $M>0$ 使得

$$\|\boldsymbol{V}_k\|\leqslant M,\quad \forall\ k. \tag{3.21}$$

(ii) F 有界.

(iii) 序列 $\{\varepsilon_k\}$ 收敛于 0.

不难证明此共轭梯度法的搜索方向具有充分下降性和信赖域性质.

引理 3.2 对任意 $k\geqslant 0$, 有

$$\boldsymbol{g}^\alpha(\boldsymbol{x}_k,\varepsilon_k)^{\mathrm{T}}\boldsymbol{d}_k=-\|\boldsymbol{g}^\alpha(\boldsymbol{x}_k,\varepsilon_k)\|^2 \tag{3.22}$$

和

$$\|\boldsymbol{d}_k\|\leqslant\left(1+\frac{1}{\gamma}\right)\|\boldsymbol{g}^\alpha(\boldsymbol{x}_k,\varepsilon_k)\|. \tag{3.23}$$

证明 若 $k=0$, 有 $\boldsymbol{d}_0=-\boldsymbol{g}^\alpha(\boldsymbol{x}_0,\varepsilon_0)$, 式 (3.22), (3.23) 显然成立. 若 $k\geqslant 1$, 结合式 (3.19) 有

$$\begin{aligned}
&\boldsymbol{d}_{k+1}^{\mathrm{T}}\boldsymbol{g}^\alpha(\boldsymbol{x}_{k+1},\varepsilon_{k+1})\\
=&-\|\boldsymbol{g}^\alpha(\boldsymbol{x}_{k+1},\varepsilon_{k+1})\|^2\\
&+\left[\frac{\boldsymbol{g}^\alpha(\boldsymbol{x}_{k+1},\varepsilon_{k+1})^{\mathrm{T}}\boldsymbol{y}_k\boldsymbol{d}_k-\boldsymbol{d}_k^{\mathrm{T}}\boldsymbol{g}^\alpha(\boldsymbol{x}_{k+1},\varepsilon_{k+1})\boldsymbol{y}_k}{\max\{2\gamma\|\boldsymbol{d}_k\|\|\boldsymbol{y}_k\|,\boldsymbol{d}_k^{\mathrm{T}}\boldsymbol{y}_k\}}\right]^{\mathrm{T}}\boldsymbol{g}^\alpha(\boldsymbol{x}_{k+1},\varepsilon_{k+1})\\
=&-\|\boldsymbol{g}^\alpha(\boldsymbol{x}_{k+1},\varepsilon_{k+1})\|^2.
\end{aligned}$$

式 (3.22) 得证. 又由 (3.19), 得

$$\begin{aligned}
&\|\boldsymbol{d}_{k+1}\| \\
=&\left\|-\boldsymbol{g}^{\alpha}(\boldsymbol{x}_{k+1},\varepsilon_{k+1})+\frac{\boldsymbol{g}^{\alpha}(\boldsymbol{x}_{k+1},\varepsilon_{k+1})^{\mathrm{T}}\boldsymbol{y}_k\boldsymbol{d}_k-\boldsymbol{d}_k^{\mathrm{T}}\boldsymbol{g}^{\alpha}(\boldsymbol{x}_{k+1},\boldsymbol{\varepsilon}_{k+1})\boldsymbol{y}_k}{\max\{2\gamma\|\boldsymbol{d}_k\|\|\boldsymbol{y}_k\|,\|\boldsymbol{g}^{\alpha}(\boldsymbol{x}_k,\varepsilon_k)\|^2\}}\right\| \\
\leqslant&\|\boldsymbol{g}^{\alpha}(\boldsymbol{x}_{k+1},\varepsilon_{k+1})\| \\
&+\frac{\|\boldsymbol{g}^{\alpha}(\boldsymbol{x}_{k+1},\varepsilon_{k+1})\|\|\boldsymbol{y}_k\|\|\boldsymbol{d}_k\|+\|\boldsymbol{d}_k\|\|\boldsymbol{g}^{\alpha}(\boldsymbol{x}_{k+1},\varepsilon_{k+1})\|\|\boldsymbol{y}_k\|}{\max\{2\gamma\|\boldsymbol{d}_k\|\|\boldsymbol{y}_k\|,\boldsymbol{d}_k^{\mathrm{T}}\boldsymbol{y}_k\}} \\
\leqslant&\left(1+\frac{1}{\gamma}\right)\|\boldsymbol{g}^{\alpha}(\boldsymbol{x}_{k+1},\varepsilon_{k+1})\|,
\end{aligned}$$

最后一个不等式有

$$\max\{2\gamma\|\boldsymbol{d}_k\|\|\boldsymbol{y}_k\|,\boldsymbol{d}_k^{\mathrm{T}}\boldsymbol{y}_k\}\geqslant 2\gamma\|\boldsymbol{d}_k\|\|\boldsymbol{y}_k\|.$$

式 (3.23) 得证. □

引理 3.3　令假设 3.1 成立, 并设 $\{\boldsymbol{x}_k\}$ 是由算法 3.1 产生的序列. 假设 $\varepsilon_k=o(\|\boldsymbol{d}_k\|^2)$ 成立. 那么对充分大的 k, 存在一个 $m>0$ 满足

$$\alpha_k\geqslant m. \tag{3.24}$$

证明　若 $\alpha_k\geqslant 1$, 得证. 另一方面, 可推断存在 $\alpha_k'=\dfrac{\alpha_k}{2}$ 使得

$$F^{\alpha}(\boldsymbol{x}_k+\alpha_k'\boldsymbol{d}_k,\varepsilon_{k+1})-F^{\alpha}(\boldsymbol{x}_k,\varepsilon_k)>\sigma\alpha_k'\boldsymbol{g}^{\alpha}(\boldsymbol{x}_k,\varepsilon_k)^{\mathrm{T}}\boldsymbol{d}_k.$$

由 Taylor 公式得

$$\begin{aligned}
\sigma\alpha_k'\boldsymbol{g}^{\alpha}(\boldsymbol{x}_k,\varepsilon_k)^{\mathrm{T}}\boldsymbol{d}_k<&F^{\alpha}(\boldsymbol{x}_k+\alpha_k'\boldsymbol{d}_k,\varepsilon_{k+1})-F^{\alpha}(\boldsymbol{x}_k,\varepsilon_k) \\
\leqslant&F(\boldsymbol{x}_k+\alpha_k'\boldsymbol{d}_k)-F(\boldsymbol{x}_k)+\varepsilon_{k+1} \\
=&\alpha_k'\boldsymbol{d}_k^{\mathrm{T}}g(\boldsymbol{x}_k)+\frac{1}{2}(\alpha_k')^2\boldsymbol{d}_k^{\mathrm{T}}V(\boldsymbol{\xi}_k)\boldsymbol{d}_k+\varepsilon_{k+1} \\
\leqslant&\alpha_k'\boldsymbol{d}_k^{\mathrm{T}}g(\boldsymbol{x}_k)+\frac{M}{2}(\alpha_k')^2\|\boldsymbol{d}_k\|^2+\varepsilon_{k+1},
\end{aligned}\tag{3.25}$$

其中 $\boldsymbol{\xi}_k=\boldsymbol{x}_k+\theta\alpha_k'\boldsymbol{d}_k,\ \theta\in(0,1)$, 并且最后一个不等式由式 (3.21) 推出.

由此, 得到

$$
\begin{aligned}
&\alpha_k' \\
&> \left[\frac{(\boldsymbol{g}^\alpha(\boldsymbol{x}_k,\varepsilon_k)-g(\boldsymbol{x}_k))^{\mathrm{T}}\boldsymbol{d}_k-(1-\sigma)\boldsymbol{g}^\alpha(\boldsymbol{x}_k,\varepsilon_k)^{\mathrm{T}}\boldsymbol{d}_k-\varepsilon_{k+1}/(\alpha_k')^2}{\|\boldsymbol{d}_k\|^2}\right]\frac{2}{M} \\
&\geqslant \left[\frac{(1-\sigma)\|\boldsymbol{g}^\alpha(\boldsymbol{x}_k,\varepsilon_k)\|^2-\sqrt{2\varepsilon_k/\lambda}\|\boldsymbol{d}_k\|-\varepsilon_k}{\|\boldsymbol{d}_k\|^2}\right]\frac{2}{M} \\
&= \left[\frac{(1-\sigma)\|\boldsymbol{g}^\alpha(\boldsymbol{x}_k,\varepsilon_k)\|^2}{\|\boldsymbol{d}_k\|^2}-o(1)/\sqrt{\lambda}-o(1)\right]\frac{2}{M} \\
&\geqslant \frac{\gamma(1-\sigma)}{M(1+\gamma)^2},
\end{aligned}
\tag{3.26}
$$

其中第二个不等式来自于式 (3.22) 和 $\varepsilon_{k+1}\leqslant\varepsilon_k$; 等式则由 $\varepsilon_k=o(\alpha_k^2\|\boldsymbol{d}_k\|^2)$ 推出; 并且最后一个不等式可由式 (3.23) 得到. 由此可得

$$\alpha_k\geqslant\frac{2\gamma(1-\sigma)}{M(1+\gamma)^2}.$$

令 $m\in\left(0,\dfrac{2\gamma(1-\sigma)}{M(1+\gamma)^2}\right)$, 从而引理得证. □

定理 3.4 假设引理 3.3 中条件成立. 那么有 $\lim_{k\to\infty}\|g(\boldsymbol{x}_k)\|=0$ 并且 $\{\boldsymbol{x}_k\}$ 的任一聚点都是问题 (3.17) 的最优解.

证明 首先证明有

$$\lim_{k\to\infty}\|\boldsymbol{g}^\alpha(\boldsymbol{x}_k,\varepsilon_k)\|=0 \tag{3.27}$$

成立. 假设 (3.27) 不成立. 那么存在 $\epsilon_0>0$ 和 $k_0>0$ 使得

$$\|\boldsymbol{g}^\alpha(\boldsymbol{x}_k,\varepsilon_k)\|\geqslant\epsilon_0,\quad\forall\, k>k_0. \tag{3.28}$$

由式 (3.20), (3.22), (3.24), 和 (3.28), 有

$$
\begin{aligned}
&F^\alpha(\boldsymbol{x}_k,\varepsilon_k)-F^\alpha(\boldsymbol{x}_{k+1},\varepsilon_{k+1}) \\
\geqslant&-\sigma\alpha_k\boldsymbol{g}^\alpha(\boldsymbol{x}_k,\varepsilon_k)^{\mathrm{T}}\boldsymbol{d}_k \\
\geqslant&\sigma\alpha_k\|\boldsymbol{g}^\alpha(\boldsymbol{x}_k,\varepsilon_k)\|^2\geqslant\sigma m\epsilon_0,\quad\forall\, k>k_0.
\end{aligned}
$$

由上面的不等式可得

$$\sum_{k>k_0}[F^\alpha(\boldsymbol{x}_k,\varepsilon_k)-F^\alpha(\boldsymbol{x}_{k+1},\varepsilon_{k+1})]\geqslant\sum_{k>k_0}\sigma m\epsilon_0.$$

上式说明了当 $k\to\infty$ 时有 $F^\alpha(\boldsymbol{x}_k,\varepsilon_k)\to\infty$. 这与假设 3.1(ii) 相矛盾. 因此, 有 (3.27) 成立. 所以可得

$$\|\boldsymbol{g}^\alpha(\boldsymbol{x}_k,\varepsilon_k)-g(\boldsymbol{x}_k)\|\leqslant\sqrt{\frac{2\varepsilon_k}{\lambda}}.$$

结合这个不等式与假设 3.1(iii), 有

$$\lim_{k\to\infty}\|g(\boldsymbol{x}_k)\|=0. \tag{3.29}$$

假设 $\boldsymbol{x}^*$ 是 $\{\boldsymbol{x}_k\}$ 的聚点; 不失一般性, 存在一个序列 $\{\boldsymbol{x}_k\}_K$ 满足

$$\lim_{k\in K,\,k\to\infty}\boldsymbol{x}_k=\boldsymbol{x}^*. \tag{3.30}$$

由 $F(\boldsymbol{x})$ 的性质, 有 $g(\boldsymbol{x}_k)=(\boldsymbol{x}_k-p(\boldsymbol{x}_k))/\lambda$. 那么, 由式 (3.29) 和 (3.30), 有 $x^*=p(x^*)$ 成立. 因此, $\boldsymbol{x}^*$ 是问题 (3.17) 的一个最优解. □

下面给出测试算法 3.1 求解小规模和大规模非光滑问题的数值结果.

小规模问题　首先测试此算法解小规模问题时的数值结果. 所有的数值实验是在配置为 Intel(R) Core(TM) i3-3217U CPU at 1.80 GHz, 4.00 GB of RAM, 操作系统为 Windows 7 的电脑上完成, 并且算法 3.1 的程序运行在 MATLAB r2010a 上. 参数选取为 $\gamma=s=\lambda=1$, $\sigma=0.9$, $\boldsymbol{\varepsilon}_k=1/(NI+2)^2$ (NI 是迭代次数). 当 $\|\boldsymbol{g}^\alpha(\boldsymbol{x},\varepsilon)\|\leqslant10^{-10}$ 时终止. 将算法 3.1 与临近点算法 PBM[38] 和信赖域算法 BTM[38] 进行数值比较, PBM 算法和 BTM 算法的结果可见文献 [38]. 表 3.1 中各列分别代表:

Problem: 测试问题.　　NF: 函数值的计算次数.

NI: 迭代次数.　　$f(x)$: 最终的函数值.

从表 3.1 可以看出, 这三种算法可以成功解出所有的问题, 并且算法 3.1 在 NI 和 NF 两项上相比较其他两种算法更具竞争性.

表 3.1 小规模问题数值结果

Problem	算法 3.1 NI/NF/$f(\boldsymbol{x})$	PBM NI/NF/$f(\boldsymbol{x})$	BTM NI/NF/$f(\boldsymbol{x})$
Rosenbrock	$46/48/0.7316068\times10^{-6}$	$42/45/0.381\times10^{-6}$	$79/88/0.130\times10^{-11}$
Crescent	$10/12/0.1131973\times10^{-3}$	$18/20/0.679\times10^{-6}$	$24/27/\times10^{-6}$
CB2	11/13/1.952225	32/34/1.9522245	13/16/1.952225
CB3	2/6/2.000081	14/16/2.0	13/21/2.0
DEM	5/7/−2.999961	17/19/−3.0	9/13/−3.0
QL	17/19/7.200001	13/15/7.2000015	12/17/7.200009
LQ	2/3/−1.414214	11/12/−1.4142136	10/11/−1.414214
Mifflin 1	3/5/−0.9919759	66/68/−0.99999941	49/74/−1.0
Mifflin 2	12/13/−0.9999160	13/15/−1.0	6/13/−1.0
Rosen−Suzuki	8/10/−43.99939	43/45/−43.999999	22/32/−43.99998
Shor	9/10/22.60023	27/29/22.600162	29/30/−22.60016
Colville	10/11/−32.20952	62/64/−32.348679	45/45/−32.3486

大规模问题 现分析算法 3.1 在求解大规模问题时的情况. 测试的问题中, 问题 1-3 和问题 9-10 是凸的, 剩下的问题是非凸的. 变量的维数分别设置为 1000, 3000, 6000, 12000, 和 60000. 数值实验的程序运行在 Fortran 90 上. 数值结果见表 3.2 和表 3.3, 其中表中各列分别表示:

Problem: 测试问题. NF: 函数值的计算次数.

NI: 总的迭代次数. Dim: 测试问题的维数.

TIME: 运行时间. $f(\boldsymbol{x})$: 最后一次迭代时的函数值.

"−": 表示迭代次数大于 5000000.

对于这些大规模问题, 算法 3.1 和 LMBM 算法可以成功解决所有的问题. 最终函数值是可接受的. 总的来说, 这些数值结果表明所提出的算法是有效的. 从而可以得出结论, 算法 3.1 提供了一个解决非光滑问题的有效方法.

表 3.2 大规模测试问题算法 3.1 数值结果

Problem	Dim	NI/NF	$f(\boldsymbol{x})$	TIME
Generalization	1000	225/4710	0.693540513648899E−7	0.435875E+0
of MAXQ	6000	253/5298	0.672613864176917E−7	1.232344E+0
	12000	264/5529	0.650419999954529E−7	2.432094E+0
	60000	289/6054	0.645204987245581E−7	1.341425E+1
Generalization	1000	96/1605	0.802478409126615E−8	5.418078E+1
of MXHILB	3000	110/1917	0.699021261392982E−8	5.8991680E+2
	6000	118/2103	0.845246940662408E−8	2.538375E+3
	12000	127/2310	0.952838129527705E−8	1.137164E+4
Chained	1000	37/114	0.726870782386959E−8	4.834377E−2
LQ	6000	40/123	0.545607999460318E−8	7.656252E−2
	12000	40/125	0.163696031398856E−7	1.381875E−1
	60000	58/165	0.511585125154800E−8	7.470313E−1
Number of	1000	78/1047	0.637850592530515E−8	2.010938E−1
active faces	6000	92/1323	0.826926412811797E−8	1.061344E+0
	12000	99/1452	0.561428635337764E−8	2.200094E+0
	60000	112/1707	0.646978624135738E−8	1.291656E+1
Nonsmooth	1000	38/117	0.726870855074063E−8	1.258750E−1
generalization	6000	41/126	0.545608054021244E−8	7.158437E−1
of Brown	12000	42/131	0.818480320690239E−8	1.373875E+0
function 2	60000	72/191	0.682114500640497E−8	9.795594E+0
Chained	1000	36/114	−0.249749999992731E+3	3.287502E−2
Mifflin 2	6000	39/123	−0.149974999999454E+4	7.900001E−2
	12000	40/126	−0.299974999999454E+4	1.548750E−1
	60000	42/160	−0.149997499999986E+5	6.847188E−1
Chained	1000	39/174	0.904687447178532E−8	3.262502E−2
Crescent I	6000	42/183	0.675134947947242E−8	9.487502E−2
	12000	43/186	0.674664513145018E−8	1.546250E−1
	60000	59/220	0.842743597129214E−8	8.59125E−1
Chained	1000	39/120	0.681848177919164E−8	3.237502E−2
Crescent II	6000	42/129	0.511556663695956E−8	6.312501E−2
	12000	43/132	0.511573716721614E−8	1.383750E−1

续表

Problem	Dim	NI/NF	$f(\boldsymbol{x})$	TIME
	60000	87/222	0.639484198927676E−8	8.897500E−1
Chained	1000	7/89	2.56994914680168E+3	3.053129E−2
CB3 I	6000	7/89	1.54325574891512E+4	4.890626E−2
	12000	7/89	3.08676874999685E+4	9.556252E−2
	60000	7/89	1.54348727586560E+5	4.831250E−1
Chained	1000	7/86	2.56994919961561E+3	7.187079E−4
CB3 II	6000	21/114	1.54325622461752E+4	6.012501E−2
	12000	21/114	3.08676970144256E+4	1.108125E−1
	60000	21/114	1.54348775146692E+5	5.297500E−1

表 3.3 大规模测试问题 LMBM 数值结果

Problem	Dim	NI/NF	$f(\boldsymbol{x})$	TIME
Generalization	1000	21492/22259	0.671025884158921E−5	6.194719E+0
of MAXQ	6000	245066/250174	0.565628885146208E−4	5.041755E+2
	12000	670162/683616	0.929253906396455E−4	2.353682E+3
	60000	–	–	–
Generalization	1000	441/861	0.616640522014495E−2	2.963940E+1
of MXHILB	3000	209/579	0.587155520729875E−1	1.778521E+2
	6000	641/1206	0.365070775499802E−1	1.533744E+3
	12000	798/1814	0.204300029898854E+0	9.288136E+3
Chained	1000	300/1824	−0.141277614588146E+4	1.391563E−1
LQ	6000	314/1847	−0.848377705606314E+4	8.433438E−1
	12000	490/2835	−0.169691224679828E+5	2.739438E+0
	60000	237/416	−0.119998000001549E+6	1.800531E+1
Number of	1000	523/569	0.137667655053518E−13	1.074063E−1
active faces	6000	3085/3086	0.154830814823818E−9	3.511500E+0
	12000	6063/6064	0.854560866477962E−10	1.355406E+1
	60000	30064/30065	0.150220880066743E−8	3.352766E+2
Nonsmooth	1000	467/3873	0.405785228342877E−8	3.707406E+0
generalization	6000	951/8278	0.884118943032571E−3	4.631616E+1
of Brown	12000	748/7733	0.912457887171786E−8	8.428575E+1
function 2	60000	3808/36832	0.179231484933849E+1	2.154582E+3

续表

Problem	Dim	NI/NF	$f(\boldsymbol{x})$	TIME
Chained	1000	1254/7355	−0.706476909407459E+3	6.397500E−1
Mifflin 2	6000	107/229	−0.424203714109070E+4	2.021250E−1
	12000	309/1044	−0.848466034756490E+4	1.479063E+0
	60000	476/1227	−0.424257337983610E+5	1.397481E+1
Chained	1000	138/560	0.246289254738352E−3	4.650003E−2
Crescent I	6000	135/177	0.596554405945529E−1	2.490000E−1
	12000	280/590	0.575738934305292E−8	1.125875E+0
	60000	331/371	0.168141230307837E+1	7.834438E+0
Chained	1000	763/7522	0.139417095132655E−3	4.980000E−1
Crescent II	6000	1163/11352	0.106833241519375E−1	4.554000E+0
	12000	1299/12486	0.127209363529901E−2	1.012525E+1
	60000	1964/17712	0.415633583736941E−2	9.664069E+1
Chained	1000	330/2159	1.99800037754215E+3	2.489062E−1
CB3 I	6000	349/2242	1.19981167364377E+4	1.481969E+0
	12000	536/3531	2.39980445242661E+4	4.552250E+0
	60000	803/5116	1.19998009409236E+5	3.288288E+1
Chained	1000	66/151	1.99800084590208E+3	2.928126E−2
CB3 II	6000	61/94	1.19986364748027E+4	9.487501E−2
	12000	91/122	2.39980779822776E+4	2.789375E−1
	60000	237/416	1.19998000001549E+5	4.383063E+0

3.3　改进的 PRP 共轭梯度法

本节内容取自于文献 [62]. 本节仍考虑使用一个共轭梯度算法求解问题 (3.17), 在三项 PRP 公式中分别用 $\boldsymbol{g}^{\alpha}(\boldsymbol{x}_k,\varepsilon_k)$ 和 $\boldsymbol{y}_k^*$ 分别代替 $\nabla \boldsymbol{f}_k$ 和 $\boldsymbol{y}_k$. 下面提出一个改进的 PRP 共轭梯度公式来解决问题 (3.17):

$$
\boldsymbol{d}_{k+1}=\begin{cases}-\boldsymbol{g}^{\alpha}(\boldsymbol{x}_{k+1},\varepsilon_{k+1})\\ \quad+\dfrac{\boldsymbol{g}^{\alpha}(\boldsymbol{x}_{k+1},\varepsilon_{k+1})^{\mathrm{T}}\boldsymbol{y}_k^*\boldsymbol{d}_k-\boldsymbol{d}_k^{\mathrm{T}}\boldsymbol{g}^{\alpha}(\boldsymbol{x}_{k+1},\varepsilon_{k+1})\boldsymbol{y}_k^*}{\max\{2c\|\boldsymbol{d}_k\|\|\boldsymbol{y}_k^*\|,\|\boldsymbol{g}^{\alpha}(\boldsymbol{x}_k,\varepsilon_k)\|^2\}}, & \text{若}\quad k\geqslant 1\\ -\boldsymbol{g}^{\alpha}(\boldsymbol{x}_{k+1},\varepsilon_{k+1}), & \text{若}\quad k=0,\end{cases}
\tag{3.31}
$$

其中, $\boldsymbol{y}_k^* = \boldsymbol{y}_k + A_k\boldsymbol{s}_k$, $\boldsymbol{y}_k = \boldsymbol{g}^\alpha(\boldsymbol{x}_{k+1}, \varepsilon_{k+1}) - \boldsymbol{g}^\alpha(\boldsymbol{x}_k, \varepsilon_k)$, $\boldsymbol{s}_k = \boldsymbol{x}_{k+1} - \boldsymbol{x}_k$, $\boldsymbol{d}_k$ 是在 $\boldsymbol{x}_k$ 点处的搜索方向, $c > 0$, 且

$$A_k = \frac{(\boldsymbol{g}^\alpha(\boldsymbol{x}_{k+1}, \varepsilon_{k+1}) + \boldsymbol{g}^\alpha(\boldsymbol{x}_k, \varepsilon_k))^{\mathrm{T}}\boldsymbol{s}_k + 2(F^\alpha(\boldsymbol{x}_k, \varepsilon_k) - F^\alpha(\boldsymbol{x}_{k+1}, \varepsilon_{k+1}))}{\|\boldsymbol{s}_k\|^2}.$$

在式 (3.31) 中把分母设置为 $\max\{2c\|\boldsymbol{d}_k\|\|\boldsymbol{y}_k^*\|, \|\boldsymbol{g}^\alpha(\boldsymbol{x}_k, \varepsilon_k)\|^2\}$. 这个改进使得搜索方向具有自动信赖域性质.

用非单调线搜索的一种改进 PRP 共轭梯度算法如下:

算法 3.2(非单调 PRP 算法)

步 1. 给定 $\boldsymbol{x}_0 \in \Re^n$, 常数满足 $\sigma \in (0,1)$, $c > 0$, $s > 0$, $\lambda > 0$, $\rho \in [0,1]$, $E_0 = 1$, $J_0 = F^\alpha(\boldsymbol{x}_0, \varepsilon_0)$, $\boldsymbol{d}_0 = -\boldsymbol{g}^\alpha(\boldsymbol{x}_0, \varepsilon_0)$, 和 $\epsilon \in (0,1)$. 令 $k = 0$.

步 2. 如果 $\boldsymbol{x}_k$ 满足问题的终止条件, $\|\boldsymbol{g}^\alpha(\boldsymbol{x}_k, \varepsilon_k)\| < \epsilon$, 停止; 否则, 转步 3.

步 3. 选取 ε_{k+1} 满足 $0 < \varepsilon_{k+1} < \varepsilon_k$, 并由 Armijo 非单调线搜索方式计算步长 α_k:

$$F^\alpha(\boldsymbol{x}_k + \alpha_k\boldsymbol{d}_k, \varepsilon_{k+1}) - J_k \leqslant \sigma\alpha_k\boldsymbol{g}^\alpha(\boldsymbol{x}_k, \varepsilon_k)^{\mathrm{T}}\boldsymbol{d}_k, \tag{3.32}$$

其中 $\alpha_k = s\,2^{-i_k}$, $i_k \in \{0, 1, 2, \dots\}$.

步 4. 令 $\boldsymbol{x}_{k+1} = \boldsymbol{x}_k + \alpha_k\boldsymbol{d}_k$. 如果 $\|\boldsymbol{g}^\alpha(\boldsymbol{x}_{k+1}, \varepsilon_{k+1})\| < \epsilon$, 停止; 否则, 转步 5.

步 5. 由此公式

$$E_{k+1} = \rho E_k + 1, \quad J_{k+1} = \frac{\rho E_k J_k + F^\alpha(\boldsymbol{x}_k + \alpha_k\boldsymbol{d}_k, \varepsilon_{k+1})}{E_{k+1}} \tag{3.33}$$

更新 J_k.

步 6. 由 (3.31) 计算搜索方向 $\boldsymbol{d}_{k+1}$.

步 7. 令 $k = k + 1$, 转步 2.

注 3.3 线搜索技术 (3.32) 是由 Zhang 和 Hager 在文献 [65] 中提出. 不难看出, J_{k+1} 是 J_k 和 $F^\alpha(\boldsymbol{x}_{k+1}, \varepsilon_{k+1})$ 的凸组合. 由 $J_0 = F^\alpha(\boldsymbol{x}_0, \varepsilon_0)$

可以知道 J_k 是 $F^\alpha(\boldsymbol{x}_0,\varepsilon_0), F^\alpha(\boldsymbol{x}_1,\varepsilon_1), \dots, F^\alpha(\boldsymbol{x}_k,\varepsilon_k)$ 的凸组合, 其中 ρ 的选择控制着单调性的程度. 当 $\rho=0$ 时, 线搜索即为一般的 Armijo 单调线搜索. 若 $\rho=1$, 则 $J_k=C_k$, 其中

$$C_k=\frac{1}{k+1}\sum_{i=0}^{k}F^\alpha(\boldsymbol{x}_i,\varepsilon_i)$$

是这些函数的平均值. Dai 和 Zhang 等在文献 [12] 中已做过分析.

下面的引理说明了本节改进的 PRP 共轭梯度方法的搜索方向 $\boldsymbol{d}_k$ 具有充分下降性和自动信赖域性质.

引理 3.5　对任意 $k\in\mathbb{N}\cup\{0\}$, 有

$$\boldsymbol{g}^\alpha(\boldsymbol{x}_k,\varepsilon_k)^{\mathrm{T}}\boldsymbol{d}_k=-\|\boldsymbol{g}^\alpha(\boldsymbol{x}_k,\varepsilon_k)\|^2 \tag{3.34}$$

和

$$\|\boldsymbol{d}_k\|\leqslant\left(1+\frac{1}{c}\right)\|\boldsymbol{g}^\alpha(\boldsymbol{x}_k,\varepsilon_k)\|. \tag{3.35}$$

证明　当 $k=0$ 时, 有 $\boldsymbol{d}_0=-\boldsymbol{g}^\alpha(\boldsymbol{x}_0,\varepsilon_0)$. 显然, 式 (3.34) 和 (3.35) 成立. 当 $k\geqslant 1$ 时, 由 $\boldsymbol{d}_k$ 的定义, 有

$$\begin{aligned}
&\boldsymbol{d}_{k+1}^{\mathrm{T}}\boldsymbol{g}^\alpha(\boldsymbol{x}_{k+1},\varepsilon_{k+1})\\
=&-\|\boldsymbol{g}^\alpha(\boldsymbol{x}_{k+1},\varepsilon_{k+1})\|^2\\
&+\left[\frac{\boldsymbol{g}^\alpha(\boldsymbol{x}_{k+1},\varepsilon_{k+1})^{\mathrm{T}}\boldsymbol{y}_k^*\boldsymbol{d}_k-\boldsymbol{d}_k^{\mathrm{T}}\boldsymbol{g}^\alpha(\boldsymbol{x}_{k+1},\varepsilon_{k+1})\boldsymbol{y}_k^*}{\max\{2c\|\boldsymbol{d}_k\|\|\boldsymbol{y}_k^*\|,\|\boldsymbol{g}^\alpha(\boldsymbol{x}_k,\varepsilon_k)\|^2\}}\right]^{\mathrm{T}}\boldsymbol{g}^\alpha(\boldsymbol{x}_{k+1},\varepsilon_{k+1})\\
=&-\|\boldsymbol{g}^\alpha(\boldsymbol{x}_{k+1},\varepsilon_{k+1})\|^2.
\end{aligned} \tag{3.36}$$

所以式 (3.34) 成立. 下面证明式 (3.35) 成立. 由 $\boldsymbol{d}_k$ 的定义, 有

$$\begin{aligned}
&\|\boldsymbol{d}_{k+1}\|\\
=&\left\|-\boldsymbol{g}^\alpha(\boldsymbol{x}_{k+1},\varepsilon_{k+1})\right.\\
&\left.+\frac{\boldsymbol{g}^\alpha(\boldsymbol{x}_{k+1},\varepsilon_{k+1})^{\mathrm{T}}\boldsymbol{y}_k^*\boldsymbol{d}_k-\boldsymbol{d}_k^{\mathrm{T}}\boldsymbol{g}^\alpha(\boldsymbol{x}_{k+1},\varepsilon_{k+1})\boldsymbol{y}_k^*}{\max\{2\|\boldsymbol{d}_k\|\|\boldsymbol{y}_k^*\|,\|\boldsymbol{g}^\alpha(\boldsymbol{x}_k,\varepsilon_k)\|^2\}}\right\|\\
\leqslant&\|\boldsymbol{g}^\alpha(\boldsymbol{x}_{k+1},\varepsilon_{k+1})\|
\end{aligned}$$

$$
\begin{aligned}
&+\frac{\|\boldsymbol{g}^\alpha(\boldsymbol{x}_{k+1},\varepsilon_{k+1})\|\|\boldsymbol{y}_k^*\|\|\boldsymbol{d}_k\|+\|\boldsymbol{d}_k\|\|\boldsymbol{g}^\alpha(\boldsymbol{x}_{k+1},\varepsilon_{k+1})\|\|\boldsymbol{y}_k^*\|}{\max\{2c\|\boldsymbol{d}_k\|\|\boldsymbol{y}_k^*\|,\|\boldsymbol{g}^\alpha(\boldsymbol{x}_k,\varepsilon_k)\|^2\}}\\
\leqslant&\left(1+\frac{1}{c}\right)\|\boldsymbol{g}^\alpha(\boldsymbol{x}_{k+1},\varepsilon_{k+1})\|,
\end{aligned}\tag{3.37}
$$

最后一个不等式由以下得出

$$\max\{2c\|\boldsymbol{d}_k\|\|\boldsymbol{y}_k^*\|,\|\boldsymbol{g}^\alpha(\boldsymbol{x}_k,\varepsilon_k)\|^2\}\geqslant 2c\|\boldsymbol{d}_k\|\|\boldsymbol{y}_k^*\|.$$

引理得证. □

类似本节前面介绍的式 (3.31), 也可以给出其他形式的改进共轭梯度方法:

(1) 改进的 HS 共轭梯度公式

$$
\boldsymbol{d}_{k+1}=\begin{cases}-\boldsymbol{g}^\alpha(\boldsymbol{x}_{k+1},\varepsilon_{k+1})\\ \quad+\dfrac{\boldsymbol{g}^\alpha(x_{k+1},\varepsilon_{k+1})^{\mathrm T}\boldsymbol{y}_k^*\boldsymbol{d}_k-\boldsymbol{d}_k^{\mathrm T}\boldsymbol{g}^\alpha(\boldsymbol{x}_{k+1},\varepsilon_{k+1})\boldsymbol{y}_k^*}{\max\{2c\|\boldsymbol{d}_k\|\|\boldsymbol{y}_k^*\|,|\ \boldsymbol{d}_k^{\mathrm T}\boldsymbol{y}_k^*\ |\}}, & \text{若}\quad k\geqslant 1,\\ -\boldsymbol{g}^\alpha(\boldsymbol{x}_{k+1},\varepsilon_{k+1}), & \text{若}\quad k=0,\end{cases}
$$

(2) 改进的 LS 共轭梯度公式

$$
\boldsymbol{d}_{k+1}=\begin{cases}-\boldsymbol{g}^\alpha(\boldsymbol{x}_{k+1},\varepsilon_{k+1})\\ \quad+\dfrac{\boldsymbol{g}^\alpha(\boldsymbol{x}_{k+1},\varepsilon_{k+1})^{\mathrm T}\boldsymbol{y}_k^*\boldsymbol{d}_k-\boldsymbol{d}_k^{\mathrm T}\boldsymbol{g}^\alpha(\boldsymbol{x}_{k+1},\varepsilon_{k+1})\boldsymbol{y}_k^*}{\max\{2c\|\boldsymbol{d}_k\|\|\boldsymbol{y}_k^*\|,|\ \boldsymbol{d}_k^{\mathrm T}\boldsymbol{g}^\alpha(\boldsymbol{x}_k,\varepsilon_k)\ |\}}, & \text{若}\quad k\geqslant 1,\\ -\boldsymbol{g}^\alpha(\boldsymbol{x}_{k+1},\varepsilon_{k+1}), & \text{若}\quad k=0,\end{cases}
$$

(3) 改进的 DY 共轭梯度公式

$$
\boldsymbol{d}_{k+1}=\begin{cases}-\boldsymbol{g}^\alpha(\boldsymbol{x}_{k+1},\varepsilon_{k+1})\\ \quad+\dfrac{\|\boldsymbol{g}^\alpha(\boldsymbol{x}_{k+1},\varepsilon_{k+1})\|^2\boldsymbol{d}_k-\boldsymbol{d}_k^{\mathrm T}\boldsymbol{g}^\alpha(\boldsymbol{x}_{k+1},\varepsilon_{k+1})\boldsymbol{g}^\alpha(\boldsymbol{x}_{k+1},\varepsilon_{k+1})}{\max\{2c\|\boldsymbol{d}_k\|\|\boldsymbol{g}^\alpha(\boldsymbol{x}_{k+1},\varepsilon_{k+1})\|,|\ \boldsymbol{d}_k^{\mathrm T}\boldsymbol{y}_k^*\ |\}}, & \text{若}k\geqslant 1,\\ -\boldsymbol{g}^\alpha(\boldsymbol{x}_{k+1},\varepsilon_{k+1}), & \text{若}k=0,\end{cases}
$$

(4) 改进的 FR 共轭梯度公式

$$
\boldsymbol{d}_{k+1}=\begin{cases}-\boldsymbol{g}^\alpha(\boldsymbol{x}_{k+1},\varepsilon_{k+1})\\ \quad+\dfrac{\|\boldsymbol{g}^\alpha(\boldsymbol{x}_{k+1},\varepsilon_{k+1})\|^2\boldsymbol{d}_k-\boldsymbol{d}_k^{\mathrm T}\boldsymbol{g}^\alpha(\boldsymbol{x}_{k+1},\varepsilon_{k+1})\boldsymbol{g}^\alpha(\boldsymbol{x}_{k+1},\varepsilon_{k+1})}{\max\{c_1\|\boldsymbol{g}^\alpha(\boldsymbol{x}_k,\varepsilon_k)\|^2,c_2\|\boldsymbol{d}_k\|\|\boldsymbol{g}^\alpha(\boldsymbol{x}_k,\varepsilon_k)\|\}}, & \text{若}k\geqslant 1,\\ -\boldsymbol{g}^\alpha(\boldsymbol{x}_{k+1},\varepsilon_{k+1}), & \text{若}k=0,\end{cases}
$$

(5) 改进的 Dixon 共轭梯度公式

$$d_{k+1}=\begin{cases}-g^{\alpha}(x_{k+1},\varepsilon_{k+1})\\ \quad+\dfrac{\|g^{\alpha}(x_{k+1},\varepsilon_{k+1})\|^2 d_k-d_k^{\mathrm T}g^{\alpha}(x_{k+1},\varepsilon_{k+1})g^{\alpha}(x_{k+1},\varepsilon_{k+1})}{\max\{2c\|d_k\|\|y_k^*\|,|\,d_k^{\mathrm T}g^{\alpha}(x_k,\varepsilon_k)\,|\}}, & 若k\geqslant 1,\\ -g^{\alpha}(x_{k+1},\varepsilon_{k+1}), & 若k=0.\end{cases}$$

类似算法 3.2, 也可以根据上面构造的改进公式, 得到相应的新算法.

下面用小规模问题和大规模问题分别检验算法 3.2 的数值性能.

小规模问题　首先比较算法 3.2 与邻近点算法 (见文献 [38]) 解小规模问题中的表现. 算法在 Matlab 7.6 上运行, 所有的数值实验运行在配置为 CPU Intel Pentium Dual E7500 2.93GHz, 2G bytes of SDRAM 内存的电脑上, 操作系统为 Windows XP. 参数设置为: $s=\lambda=1$, $\rho=0.5$, $\sigma=0.8$, 和 $\varepsilon_k=1/(NI+2)^2$. 若算法满足此条件 $\|g^{\alpha}(x,\varepsilon)\|\leqslant 10^{-10}$ 时终止算法. PBM 和 BTM 的数值结果见文献 [38]. 表 3.4 中各列含义如下:

Problem: 测试问题的名称.　　NF: 函数值的计算次数.

NI: 总的循环次数.　　$f(x)$: 函数值.

表 3.4　小规模问题数值结果

Problem	算法 3.2 NI/NF/$f(x)$	PBM NI/NF/$f(x)$	BTM NI/NF/$f(x)$
Rosenbrock	$46/48/7.091824\times10^{-7}$	$42/45/0.381\times10^{-6}$	$79/88/0.130\times10^{-11}$
Crescent	$11/13/6.735123\times10^{-5}$	$18/20/0.679\times10^{-6}$	$24/27/\times10^{-6}$
CB2	12/14/1.952225	32/34/1.9522245	13/16/1.952225
CB3	2/6/2.000098	14/16/2.0	13/21/2.0
DEM	4/6/−2.999866	17/19/−3.0	9/13/−3.0
QL	10/12/7.200011	13/15/7.2000015	12/17/7.200009
LQ	2/3/−1.414214	11/12/−1.4142136	10/11/−1.414214
Mifflin 1	4/6/−0.9919815	66/68/−0.99999941	49/74/−1.0
Mifflin 2	20/23/−0.9999925	13/15/−1.0	6/13/−1.0
Rosen−Suzuki	28/58/−43.99986	43/45/−43.999999	22/32/−43.99998
Shor	33/91/22.60023	27/29/22.600162	29/30/−22.60016
Colville	17/23/−32.34329	62/64/−32.348679	45/45/−32.3486

大规模问题　共轭梯度型方法对于求解大规模问题十分有效的. 下

面给出一些求解大规模非光滑问题的数值结果. 变量的维数设置为 1000, 5000, 10000 和 50000. 数值结果如下 (见表 3.5 和表 3.6):

表 3.5 大规模测试问题算法 3.2 数值结果

Problem	Dim	NI/NF	$f(\boldsymbol{x})$
Generalization of MAXQ	1000	225/4710	$6.93540513648899\times10^{-8}$
	5000	250/5235	$6.87979764297566\times10^{-8}$
	10000	261/5466	$6.65278880046151\times10^{-8}$
	50000	286/5991	$6.59944730089708\times10^{-8}$
Generalization of MXHILB	1000	91/1482	$8.27377560377777\times10^{-9}$
	5000	111/1938	$9.72057262375235\times10^{-9}$
	10000	120/2127	$5.85235371545923\times10^{-9}$
	50000	141/2604	$6.17794513724740\times10^{-9}$
Chained LQ	1000	37/114	$7.26870782386942\times10^{-9}$
	5000	39/120	$9.09316258227670\times10^{-9}$
	10000	40/123	$9.09407298984668\times10^{-9}$
	50000	55/153	$4.54740666059811\times10^{-8}$
Number of active faces	1000	77/1026	$6.80373977063602\times10^{-9}$
	5000	90/1281	$7.84048733972188\times10^{-9}$
	10000	96/1401	$9.93659283247496\times10^{-9}$
	50000	110/1665	$6.13431592528028\times10^{-9}$
Nonsmooth generalization of Brown function 2	1000	38/117	$7.26870855073998\times10^{-9}$
	5000	40/123	$9.09316349159170\times10^{-9}$
	10000	41/125	$1.81881459796775\times10^{-8}$
	50000	55/153	$9.09481332115074\times10^{-8}$
Chained Mifflin 2	1000	37/114	$-2.49749999992731\times10^{4}$
	5000	39/120	$-1.24974999999091\times10^{5}$
	10000	40/123	$-2.49974999999091\times10^{5}$
	50000	43/132	$-1.24997499999986\times10^{6}$
Chained Crescent Ⅰ	1000	37/114	$5.48971001990139\times10^{-9}$
	5000	39/120	$6.82939571561292\times10^{-9}$
	10000	40/123	$6.82530298945494\times10^{-9}$
	50000	56/157	$8.52753601066070\times10^{-9}$
Chained Crescent Ⅱ	1000	39/120	$6.81848177919164\times10^{-9}$
	5000	41/126	$8.52583070809487\times10^{-9}$
	10000	42/129	$8.52617176860804\times10^{-9}$
	50000	87/222	$5.32902788563661\times10^{-9}$

表 3.6　大规模测试问题 LMBM 数值结果

Problem	Dim	NI/NF	$f(\boldsymbol{x})$
Generalization of MAXQ	1000	21492/22259	$6.71025884158921\times10^{-6}$
	5000	191470/196034	$3.44987308783816\times10^{-5}$
	10000	512415/523351	$5.83498629004021\times10^{-5}$
	50000	4999996/5000000	$5.77622918225693\times10^{2}$
Generalization of MXHILB	1000	441/861	$6.16640522014495\times10^{-3}$
	5000	1258/2487	$3.52143538240154\times10^{-2}$
	10000	7027/7810	$5.11605598924595\times10^{-2}$
	50000	1036/1515	2.88716335417572
Chained LQ	1000	300/1824	$-1.41277614588146\times10^{5}$
	5000	365/2198	$-7.06961404239955\times10^{5}$
	10000	376/2281	$-1.41406858071499\times10^{6}$
	50000	582/2998	$-7.07092005296846\times10^{6}$
Number of active faces	1000	523/569	$1.37667655053518\times10^{-14}$
	5000	2585/2586	$1.21306742421471\times10^{-10}$
	10000	5069/5073	$5.38381117320365\times10^{-10}$
	50000	184/217	$9.99980628711393\times10^{6}$
Nonsmooth generalization of Brown function 2	1000	467/3873	$4.05785228342877\times10^{-9}$
	5000	453/4073	$1.08041333809065\times10^{-8}$
	10000	736/7453	$2.52215161529255\times10^{-8}$
	50000	1293/10995	$7.26535476752977\times10^{-7}$
Chained Mifflin 2	1000	1254/7355	$-7.06476909407459\times10^{4}$
	5000	219/782	$-3.53493693696815\times10^{5}$
	10000	267/743	$-7.07042033377240\times10^{5}$
	50000	532/2220	$-3.53546169719885\times10^{6}$
Chained Crescent Ⅰ	1000	138/560	$2.46289254738352\times10^{-4}$
	5000	116/281	$2.45751603804887\times10^{2}$
	10000	188/267	$2.00248216613019\times10^{-5}$
	50000	391/725	$4.75680539402390\times10^{-9}$
Chained Crescent Ⅱ	1000	763/7522	$1.39417095132655\times10^{-4}$
	5000	943/8490	$1.59176433435915\times10^{-3}$
	10000	1364/13919	$1.06009303953474\times10^{-2}$
	50000	4657/61720	$8.01042336673219\times10^{-4}$

对于上面测试的大规模问题, 算法 3.2 的迭代次数与 LMBM 算法

相比更具竞争性. 此外, 迭代次数并不会随着变量维数的增加而明显增加. 最终的数值结果表明除了第三个函数外, 算法 3.2 的数值结果均比 LMBM 算法好. 综上, 对于非光滑问题, 算法 3.2 相比 LMBM 算法更加有效.

3.4 改进的 BB 共轭梯度法

本节内容取自于文献 [61]. 谱共轭梯度法[1] 的迭代公式如下:

$$\boldsymbol{x}_{k+1} = \boldsymbol{x}_k + \alpha_k \boldsymbol{d}_k, \quad k = 1, 2, \ldots, \tag{3.38}$$

其中, $\boldsymbol{x}_k$ 是当前迭代点, $\boldsymbol{d}_k = -\boldsymbol{g}^\alpha(\boldsymbol{x}_k, \varepsilon_k)$ 是搜索方向, α_k 有如下两种取法:

$$\alpha_k^1 = \frac{\boldsymbol{s}_k^{\mathrm{T}} \boldsymbol{s}_k}{\boldsymbol{s}_k^{\mathrm{T}} \boldsymbol{y}_k} \tag{3.39}$$

和

$$\alpha_k^2 = \frac{\boldsymbol{s}_k^{\mathrm{T}} \boldsymbol{y}_k}{\boldsymbol{y}_k^{\mathrm{T}} \boldsymbol{y}_k}, \tag{3.40}$$

式 (3.39) 和 (3.40) 中 $\boldsymbol{s}_k = \boldsymbol{x}_k - \boldsymbol{x}_{k-1}$, $\boldsymbol{y}_k = \boldsymbol{g}^\alpha(\boldsymbol{x}_k, \varepsilon_k) - \boldsymbol{g}^\alpha(\boldsymbol{x}_{k-1}, \varepsilon_{k-1})$.

下面给出非单调 BB 共轭梯度算法:

算法 3.3 (非单调谱 BB 共轭梯度算法)

步 1. 初始化. 给定 $\boldsymbol{x}_0 \in \Re^n$, $\sigma \in (0,1)$, $s > 0$, $\lambda > 0$, $\rho \in [0,1]$, $E_0 = 1$, $\varepsilon_0 = 1$, $J_0 = F^\alpha(\boldsymbol{x}_0, \varepsilon_0), \boldsymbol{d}_0 = -\boldsymbol{g}^\alpha(\boldsymbol{x}_0, \varepsilon_0)$, 和 $\epsilon \in (0,1)$. 令 $k = 0$.

步 2. 终止准则. 如果 $\boldsymbol{x}_k$ 满足 $\|\boldsymbol{g}^\alpha(\boldsymbol{x}_k, \varepsilon_k)\| < \epsilon$ 时, 则算法停止; 否则, 进入步 3.

步 3. 选则参数 ε_{k+1} 满足 $0 < \varepsilon_{k+1} < \varepsilon_k$, 并且令步长 α_k 是由如下非单调线搜索技术产生的

$$F^\alpha(\boldsymbol{x}_k + \alpha_k \boldsymbol{d}_k, \varepsilon_{k+1}) - J_k \leqslant \sigma \alpha_k \boldsymbol{g}^\alpha(\boldsymbol{x}_k, \varepsilon_k)^{\mathrm{T}} \boldsymbol{d}_k, \tag{3.41}$$

其中 $\alpha_k = \max\{s, \alpha_k^1\} \times 2^{-i_k}$ (或 $\alpha_k = \max\{s, \alpha_k^2\} \times 2^{-i_k}$), $i_k \in \{0, 1, 2, \ldots\}$.

步 4. 令 $\boldsymbol{x}_{k+1} = \boldsymbol{x}_k + \alpha_k \boldsymbol{d}_k$. 如果 $\|\boldsymbol{g}^\alpha(\boldsymbol{x}_{k+1}, \varepsilon_{k+1})\| < \epsilon$, 停止; 否则, 进入步 5.

步 5. J_k 由以下公式更新

$$E_{k+1} = \rho E_k + 1, \quad J_{k+1} = \frac{\rho E_k J_k + F^\alpha(\boldsymbol{x}_k + \alpha_k \boldsymbol{d}_k, \varepsilon_{k+1})}{E_{k+1}}. \tag{3.42}$$

步 6. 通过公式 $\boldsymbol{d}_{k+1} = -\boldsymbol{g}^\alpha(\boldsymbol{x}_{k+1}, \varepsilon_{k+1})$ 计算搜索方向.

步 7. 令 $k = k + 1$, 并返回至步 3.

为了建立算法 3.3 的全局收敛性, 给出假设如下:

假设 3.2 (i) 序列 $\{\boldsymbol{V}_k\}$ 有界, i.e., 存在 $M > 0$ 使得

$$\|\boldsymbol{V}_k\| \leqslant M, \quad \forall\, k, \tag{3.43}$$

其中, $\boldsymbol{V}_k \in \partial_B \boldsymbol{g}(\boldsymbol{x}_k)$.

(ii) F 有界.

(iii) 对充分大的 k, ε_k 收敛于 0.

由 $\boldsymbol{d}_k = -\boldsymbol{g}^\alpha(\boldsymbol{x}_k, \varepsilon_k)$ 的定义有

$$\boldsymbol{g}^\alpha(\boldsymbol{x}_k, \varepsilon_k)^{\mathrm{T}} \boldsymbol{d}_k = -\|\boldsymbol{g}^\alpha(\boldsymbol{x}_k, \varepsilon_k)\|^2 \tag{3.44}$$

和

$$\|\boldsymbol{d}_k\| = \|\boldsymbol{g}^\alpha(\boldsymbol{x}_k, \varepsilon_k)\|. \tag{3.45}$$

以上两式说明搜索方向具有充分下降性和自动信赖域性质. 在式 (3.44) 和 (3.45) 的基础上, 并结合在文献 [65] 中的引理 1.1, 不难得到下列引理.

引理 3.6 若假设 3.2 成立, 并且序列 $\{\boldsymbol{x}_k\}$ 是由算法 3.3 产生的. 那么对任意 k, 有 $F^\alpha(\boldsymbol{x}_k, \varepsilon_k) \leqslant J_k \leqslant A_k$. 并且存在由 Armijo 线搜索产生的 α_k.

引理 3.7 若假设 3.2 成立, 并且序列 $\{\boldsymbol{x}_k\}$ 是由算法 3.3 产生的. 假设 $\varepsilon_k = o(\alpha_k^2 \|\boldsymbol{d}_k\|^2)$ 成立, 那么对充分大的 k, 存在 $m > 0$ 使得

$$\alpha_k \geqslant m. \tag{3.46}$$

证明 由引理 3.6 可得, 存在 α_k 满足式 (3.41). 如果 $\alpha_k \geqslant 1$, 得证. 否则令 $\alpha_k' = \dfrac{\alpha_k}{2}$, 可以得到

$$F^{\alpha}(\boldsymbol{x}_k + \alpha_k'\boldsymbol{d}_k, \varepsilon_{k+1}) - J_k > \sigma\alpha_k'\boldsymbol{g}^{\alpha}(\boldsymbol{x}_k, \varepsilon_k)^{\mathrm{T}}\boldsymbol{d}_k$$

成立. 由引理 3.6 和 $F^{\alpha}(\boldsymbol{x}_k, \varepsilon_k) \leqslant J_k \leqslant A_k$, 从而得到

$$\begin{aligned}
&F^{\alpha}(\boldsymbol{x}_k + \alpha_k'\boldsymbol{d}_k, \varepsilon_{k+1}) - F^{\alpha}(\boldsymbol{x}_k, \varepsilon_k)\\
\geqslant& F^{\alpha}(\boldsymbol{x}_k + \alpha_k'\boldsymbol{d}_k, \varepsilon_{k+1}) - J_k\\
>&\sigma\alpha_k'\boldsymbol{g}^{\alpha}(\boldsymbol{x}_k, \varepsilon_k)^{\mathrm{T}}\boldsymbol{d}_k.
\end{aligned} \tag{3.47}$$

由式 (3.47) 和 Tayloy 公式, 那么有

$$\begin{aligned}
\sigma\alpha_k'\boldsymbol{g}^{\alpha}(\boldsymbol{x}_k, \varepsilon_k)^{\mathrm{T}}\boldsymbol{d}_k <& F^{\alpha}(\boldsymbol{x}_k + \alpha_k'\boldsymbol{d}_k, \varepsilon_{k+1}) - F^{\alpha}(\boldsymbol{x}_k, \varepsilon_k)\\
\leqslant& F(\boldsymbol{x}_k + \alpha_k'\boldsymbol{d}_k) - F(\boldsymbol{x}_k) + \varepsilon_{k+1}\\
=&\alpha_k'\boldsymbol{d}_k^{\mathrm{T}}\boldsymbol{g}(\boldsymbol{x}_k) + \frac{1}{2}(\alpha_k')^2\boldsymbol{d}_k^{\mathrm{T}}V(\boldsymbol{\xi}_k)\boldsymbol{d}_k + \varepsilon_{k+1}\\
\leqslant&\alpha_k'\boldsymbol{d}_k^{\mathrm{T}}\boldsymbol{g}(\boldsymbol{x}_k) + \frac{M}{2}(\alpha_k')^2\|\boldsymbol{d}_k\|^2 + \varepsilon_{k+1},
\end{aligned} \tag{3.48}$$

其中, $\boldsymbol{\xi}_k = \boldsymbol{x}_k + \theta\alpha_k'\boldsymbol{d}_k$, $\theta \in (0, 1)$, 并且最后一个不等式由 (3.43) 推出. 由式 (3.48) 得

$$\begin{aligned}
&\alpha_k'\\
>&\left[\frac{(\boldsymbol{g}^{\alpha}(\boldsymbol{x}_k, \varepsilon_k) - \boldsymbol{g}(\boldsymbol{x}_k))^{\mathrm{T}}\boldsymbol{d}_k - (1-\sigma)\boldsymbol{g}^{\alpha}(\boldsymbol{x}_k, \varepsilon_k)^{\mathrm{T}}\boldsymbol{d}_k - \varepsilon_{k+1}/(\alpha_k')^2}{\|\boldsymbol{d}_k\|^2}\right]\frac{2}{M}\\
\geqslant&\left[\frac{(1-\sigma)\|\boldsymbol{g}^{\alpha}(\boldsymbol{x}_k, \varepsilon_k)\|^2 - \sqrt{2\varepsilon_k/\lambda}\|\boldsymbol{d}_k\| - \varepsilon_k}{\|\boldsymbol{d}_k\|^2}\right]\frac{2}{M}\\
=&[(1-\sigma) - o(\alpha_k)/\sqrt{\lambda} - o(1)]\frac{2}{M}\\
\geqslant&\frac{1-\sigma}{2M},
\end{aligned} \tag{3.49}$$

其中第二个不等式由式 (3.44) 和 $\varepsilon_{k+1} \leqslant \varepsilon_k$ 推出, 等式由 $\varepsilon_k = o(\alpha_k^2\|\boldsymbol{d}_k\|^2)$ 和式 (3.45) 推出. 因此, 可以得到

$$\alpha_k \geqslant \frac{1-\sigma}{M}.$$

令 $m \in \left(0, \dfrac{1-\sigma}{M}\right]$, 引理得证. □

定理 3.8　若引理 3.7 的条件成立. 那么 $\lim\limits_{k\to\infty}\|\boldsymbol{g}(\boldsymbol{x}_k)\|=0$ 成立, 并且 $\boldsymbol{x}_k$ 的任一聚点都是问题 (3.17) 的最优解.

证明　首先证明

$$\lim_{k\to\infty}\|\boldsymbol{g}^\alpha(\boldsymbol{x}_k,\varepsilon_k)\|=0. \tag{3.50}$$

采用反证法, 假设式 (3.50) 不成立. 那么存在 $\epsilon_1>0$ 和 $k_1>0$ 满足

$$\|\boldsymbol{g}^\alpha(\boldsymbol{x}_k,\varepsilon_k)\|\geqslant\epsilon_1,\quad \forall\, k>k_1. \tag{3.51}$$

由式 (3.41), (3.44), (3.46), 和 (3.51), 得

$$\begin{aligned}
&F^\alpha(\boldsymbol{x}_{k+1},\varepsilon_{k+1})-J_k\\
\leqslant&\sigma\alpha_k\boldsymbol{g}^\alpha(\boldsymbol{x}_k,\varepsilon_k)^{\mathrm T}\boldsymbol{d}_k\\
=&-\sigma\alpha_k\|\boldsymbol{g}^\alpha(\boldsymbol{x}_k,\varepsilon_k)\|^2\leqslant-\sigma m\epsilon_1,\quad \forall k>k_1.
\end{aligned}$$

由 J_{k+1} 的定义, 有

$$\begin{aligned}
J_{k+1}=&\frac{\rho E_kJ_k+F^\alpha(\boldsymbol{x}_k+\alpha_k\boldsymbol{d}_k,\varepsilon_{k+1})}{E_{k+1}}\\
\leqslant&\frac{\rho E_kJ_k+J_k-\sigma m\epsilon_1}{E_{k+1}}\\
=&J_k-\frac{\sigma m\epsilon_1}{E_{k+1}}.
\end{aligned} \tag{3.52}$$

由于 $F^\alpha(\boldsymbol{x},\varepsilon)$ 有下界并且对所有 k 都有 $F^\alpha(\boldsymbol{x}_k,\varepsilon_k)\leqslant J_k$, 得出 J_k 有下界. 由式 (3.52), 得

$$\sum_{k=k_0}^{\infty}\frac{\sigma m\epsilon_1}{E_{k+1}}<\infty. \tag{3.53}$$

由 E_{k+1} 的定义知, 有 $E_{k+1}\leqslant k+2$, 与式 (3.53) 相矛盾. 所以式 (3.50) 成立. 故得

$$\|\boldsymbol{g}^\alpha(\boldsymbol{x}_k,\varepsilon_k)-\boldsymbol{g}(\boldsymbol{x}_k)\|\leqslant\sqrt{\frac{2\varepsilon_k}{\lambda}}.$$

根据假设 3.2(iii), 有

$$\lim_{k\to\infty} \|\boldsymbol{g}(\boldsymbol{x}_k)\| = 0. \tag{3.54}$$

设 $\boldsymbol{x}^*$ 是序列 $\{\boldsymbol{x}_k\}$ 的一个聚点, 那么存在一个序列 $\{\boldsymbol{x}_k\}_K$ 使得

$$\lim_{k\in K,\, k\to\infty} \boldsymbol{x}_k = \boldsymbol{x}^*. \tag{3.55}$$

由 $F(x)$ 的性质, 有 $\boldsymbol{g}(\boldsymbol{x}_k) = (\boldsymbol{x}_k - p(\boldsymbol{x}_k))/\lambda$. 由式 (3.54) 和 (3.55), 有 $\boldsymbol{x}^* = p(\boldsymbol{x}^*)$. 因此, $\boldsymbol{x}^*$ 是问题 (3.17) 的一个最优解. □

下面给出算法 3.3 的数值结果. 测试如下问题 (表 3.7):

表 3.7　测试问题

No.	Problem	$f_{\rm ops}(\boldsymbol{x})$	No.	Problem	$f_{\rm ops}(\boldsymbol{x})$
1	Rosenbrock	0	8	Mifflin 1	−1.0
2	Crescent	0	9	Mifflin 2	−1.0
3	CB2	1.9522245	10	Wolfe	−8.0
4	CB3	2.0	11	Rosen-Suzuki	−44
5	DEM	−3	12	Shor	22.600162
6	QL	7.20	13	Colville	−32.348679
7	LQ	−1.4142136	14	HS78	−2.9197004

算法程序运行在 Matlab 7.6 上, 配置为 CPU Intel Pentium Dual E7500 2.93GHz, 2G bytes of SDRAM 内存的电脑上运行, 操作系统为 Windows XP . 参数选取为 $s = 0.5$, $\lambda = 1$, $\rho = 0.75$, $\sigma = 0.9$, 和 $\varepsilon_k = 1/(NI+2)^2$ (NI 是迭代次数). 当满足 $\|\boldsymbol{g}^\alpha(\boldsymbol{x},\varepsilon)\| \leqslant 10^{-10}$ 时终止. 同时也给出新信赖域算法 (BTM) 的数值结果. 对于 BTM 算法, 参数选取为 $\rho = 0.45$ 和 $\Delta = 0.5$. 表 3.8— 表 3.10 的各列表示:

No.: 测试函数的序号.　　$f(\boldsymbol{x})$: 最终函数值.

NI: 迭代次数.　　NF: 函数值的计算次数.

TIME: cpu 时间 (单位: s).　　$f_{\rm ops}(\boldsymbol{x})$: 对应问题的最优解.

由表 3.8— 表 3.10 可知，算法 3.3 在两种不同步长的搜索条件下及算法 BTM 可以成功求解所有问题，且算法 3.3 在选择步长 α_k^1 时, 相比较其他两个算法更加有效.

表 3.8　α_k^1 的算法 3.3 测试表 3.7 中问题数值结果

No.	NI	NF	$f(\boldsymbol{x})$	TIME
1	54	56	3.448409e−007	2.09
2	14	16	2.744977e−005	0.656
3	13	15	1.952225e+000	0.625
4	4	8	2.000008e+000	0.203
5	4	7	−2.999969e+000	0.2031
6	22	25	7.200000e+000	1.28
7	6	7	−1.414214e+000	0.25
8	3	6	−9.937901e−001	0.281
9	12	13	−9.999222e−001	0.656
10	9	12	−7.999999e+000	0.344
11	8	9	−4.394932e+001	1.14
12	9	10	2.260038e+001	1.750
13	5	6	−3.234794e+001	1
14	7	9	−2.911583e+000	1.64

表 3.9　α_k^2 的算法 3.3 测试表 3.7 中问题数值结果

No.	NI	NF	$f(\boldsymbol{x})$	TIME
1	54	56	3.311278e−007	1.92
2	14	16	2.903955e−005	0.703
3	13	15	1.952225e+000	0.625
4	4	8	2.000008e+000	0.172
5	4	6	−2.999956e+000	0.188
6	19	22	7.200001e+000	1
7	6	7	−1.414214e+000	0.25
8	3	6	−9.954955e−001	0.203
9	12	13	−9.999222e−001	0.641
10	9	12	−7.999999e+000	0.313
11	8	9	−4.394932e+001	1.11
12	9	10	2.260038e+001	1.52
13	5	6	−3.234794e+001	0.968
14	17	19	−2.911311e+000	3.79

表 3.10 BTM 测试表 3.7 中问题数值结果

No.	NI	NF	$f(\boldsymbol{x})$	TIME
1	20	39	6.729353e−003	0.812
2	11	21	4.412617e−002	0.719
3	31	61	1.952384e+000	1.48
4	3	5	2.000252e+000	0.109
5	4	7	−2.998072e+000	0.156
6	38	75	7.200323e+000	2.11
7	2	3	−1.207068e+000	0.078
8	2	3	5.848352e+000	0.094
9	9	17	−9.796397e−001	0.562
10	24	47	−7.956443e+000	1.05
11	8	15	−4.365725e+001	1.565
12	36	71	2.260088e+001	5.345
13	17	33	−3.191816e+001	4.735
14	39	77	−2.919162e+000	6.34

3.5 改进的 HZ 共轭梯度法

本节内容取自于文献 [59]. 首先考虑使用一个共轭梯度算法求解问题

$$\min_{\boldsymbol{x}\in\Re^n} H(\boldsymbol{x}), \tag{3.56}$$

其中 $H:\Re^n\to\Re$ 是一个连续可微函数. 对于共轭梯度法第 $k+1$ 步搜索方向

$$\boldsymbol{d}_{k+1}=\begin{cases}-\boldsymbol{h}_{k+1}+\beta_k\boldsymbol{d}_k, & 若\quad k\geqslant 1,\\ -\boldsymbol{h}_{k+1}, & 若\quad k=0,\end{cases} \tag{3.57}$$

其中 $\boldsymbol{h}_{k+1}=\nabla H(\boldsymbol{x}_{k+1})$. 令 $\beta_k=\beta_k^N$, 其中

$$\beta_k^N=\left(\boldsymbol{y}_k-2\frac{\|\boldsymbol{y}_k\|^2}{\boldsymbol{d}_k^{\mathrm{T}}\boldsymbol{y}_k}\boldsymbol{d}_k\right)^{\mathrm{T}}\frac{\boldsymbol{h}_{k+1}}{\boldsymbol{d}_k^T\boldsymbol{y}_k} \tag{3.58}$$

且 $\boldsymbol{y}_k=\boldsymbol{h}_{k+1}-\boldsymbol{h}_k$; β_k^N 是 HZ 公式[25]. 如果 $\boldsymbol{d}_k^{\mathrm{T}}\boldsymbol{y}_k\neq 0$ 且 $\beta_k=\beta_k^N$, 则式 (3.57) 满足

$$\boldsymbol{d}_{k+1}^{\mathrm{T}}\boldsymbol{h}_{k+1}\leqslant -\frac{7}{8}\|\boldsymbol{h}_{k+1}\|^2. \tag{3.59}$$

对于强凸函数 f, HZ 方法有全局收敛性. 为了在一般的非线性问题中得到类似的结果, Hager 和 Zhang[26] 提出了一个新的公式

$$\bar{\beta}_k^N=\max\{\beta_k^N,\eta_k\},\quad \eta_k=\frac{-1}{\|\boldsymbol{d}_k\|\min\{\eta,\|\boldsymbol{h}_k\|\}},$$

其中 $\eta>0$; 在文献 [26] 的数值试验中 $\eta=0.01$. 这个新的参数 $\bar{\beta}_k^N$ 同样有类似式 (3.59) 的性质.

在 β_k^N 的基础上, 若令 $T_k=\boldsymbol{d}_k^{\mathrm{T}}\boldsymbol{y}_k$, 可得到更一般的公式

$$\beta_k^{GN}=\left(\boldsymbol{y}_k-2\frac{\|\boldsymbol{y}_k\|^2}{T_k}\boldsymbol{d}_k\right)^{\mathrm{T}}\frac{\boldsymbol{h}_{k+1}}{T_k}. \tag{3.60}$$

在本节中, 令 $T_k=\max\left\{c\|\boldsymbol{d}_k\|\|\boldsymbol{y}_k\|,\boldsymbol{d}_k^{\mathrm{T}}\boldsymbol{y}_k,\frac{2\|\boldsymbol{y}_k\|^2\boldsymbol{d}_k^{\mathrm{T}}\boldsymbol{h}_{k+1}}{\boldsymbol{y}_k^{\mathrm{T}}\boldsymbol{h}_{k+1}}\right\}$, 其中 $c\in(0,1)$ 是一个常数. 容易得到 $T_k\geqslant c\|\boldsymbol{d}_k\|\|\boldsymbol{y}_k\|\geqslant 0$; 此外, 若 $T_k=\boldsymbol{d}_k^{\mathrm{T}}\boldsymbol{y}_k$, 那么式 (3.60) 就是 HZ 公式. 这个改进的公式有如下性质:

(1) 这个新公式可以克服 CG 方法中参数 β_k 的一些缺陷. 如果 $\boldsymbol{y}_k^{\mathrm{T}}\boldsymbol{h}_{k+1}\geqslant 0$, 容易得到

$$\begin{aligned}\beta_k^{GN}&=\left(\boldsymbol{y}_k-2\frac{\|\boldsymbol{y}_k\|^2}{T_k}\boldsymbol{d}_k\right)^{\mathrm{T}}\frac{\boldsymbol{h}_{k+1}}{T_k}\\&=\frac{\boldsymbol{y}_k^{\mathrm{T}}\boldsymbol{h}_{k+1}T_k-2\|\boldsymbol{y}_k\|^2\boldsymbol{d}_k^{\mathrm{T}}\boldsymbol{h}_{k+1}}{T_k^2}\\&\geqslant\frac{\boldsymbol{y}_k^{\mathrm{T}}\boldsymbol{h}_{k+1}\dfrac{2\|\boldsymbol{y}_k\|^2\boldsymbol{d}_k^{\mathrm{T}}\boldsymbol{h}_{k+1}}{\boldsymbol{y}_k^{\mathrm{T}}\boldsymbol{h}_{k+1}}-2\|\boldsymbol{y}_k\|^2\boldsymbol{d}_k^{\mathrm{T}}\boldsymbol{h}_{k+1}}{T_k^2}=0.\end{aligned} \tag{3.61}$$

(2) 这个公式的另一个性质是能保证新的搜索方向具有自动信赖域

性质. 由式 (3.57), 其中 $\beta_k=\beta_k^{GN}$, 可以得到

$$\begin{aligned}
\|\boldsymbol{d}_{k+1}\| &= \|-\boldsymbol{h}_{k+1}+\beta_k^{GN}\boldsymbol{d}_k\| \\
&\leqslant \|\boldsymbol{h}_{k+1}\|+|\ \beta_k^{GN}\ |\ \|\boldsymbol{d}_k\| \\
&\leqslant \|\boldsymbol{h}_{k+1}\|+\left\|\left(\boldsymbol{y}_k-2\frac{\|\boldsymbol{y}_k\|^2}{T_k}\boldsymbol{d}_k\right)\right\|\frac{\|\boldsymbol{h}_{k+1}\|}{T_k}\|\boldsymbol{d}_k\| \\
&\leqslant \|\boldsymbol{h}_{k+1}\|+\frac{\|\boldsymbol{y}_k\|\|\boldsymbol{h}_{k+1}\|+\frac{2\|\boldsymbol{y}_k\|^2\|\boldsymbol{d}_k\|\|\boldsymbol{h}_{k+1}\|}{T_k}}{T_k}\|\boldsymbol{d}_k\| \\
&\leqslant \|\boldsymbol{h}_{k+1}\|+\frac{\|\boldsymbol{y}_k\|\|\boldsymbol{h}_{k+1}\|+\frac{2\|\boldsymbol{y}_k\|^2\|\boldsymbol{d}_k\|\|\boldsymbol{h}_{k+1}\|}{c\|\boldsymbol{d}_k\|\|\boldsymbol{y}_k\|}}{c\|\boldsymbol{d}_k\|\|\boldsymbol{y}_k\|}\|\boldsymbol{d}_k\| \\
&= \left(1+\frac{1}{c}+\frac{2}{c^2}\right)\|\boldsymbol{h}_{k+1}\|.
\end{aligned} \tag{3.62}$$

由此可知, 对任意 k 都有 $\|\boldsymbol{d}_k\|\leqslant\left(1+\frac{1}{c}+\frac{2}{c^2}\right)\|\boldsymbol{h}_k\|$ 成立.

(3) 若 $T_k\neq 0$, 由式 (3.57) 产生的新方向 (其中 $\beta_k=\beta_k^{GN}$) 具有如下充分下降性:

$$\boldsymbol{d}_{k+1}^{\mathrm{T}}\boldsymbol{h}_{k+1}\leqslant-\frac{7}{8}\|\boldsymbol{h}_{k+1}\|^2, \tag{3.63}$$

对所有 k 都成立. 下面证明这个结论.

若 $k=0$, 有 $\boldsymbol{d}_1=-\boldsymbol{h}_1$ 和 $\boldsymbol{d}_1^{\mathrm{T}}\boldsymbol{h}_1=-\|\boldsymbol{h}_1\|^2$ 成立. 满足式 (3.63). 若 $k\geqslant 1$, 又由已知 $T_k\neq 0$, 用式 (3.57) 乘以 $\boldsymbol{h}_{k+1}^{\mathrm{T}}$ 得

$$\begin{aligned}
\boldsymbol{h}_{k+1}^{\mathrm{T}}\boldsymbol{d}_{k+1} &= -\|\boldsymbol{h}_{k+1}\|^2+\beta_k^{GN}\boldsymbol{d}_k^{\mathrm{T}}\boldsymbol{h}_{k+1} \\
&= -\|\boldsymbol{h}_{k+1}\|^2+\boldsymbol{d}_k^{\mathrm{T}}\boldsymbol{h}_{k+1}\left(\boldsymbol{y}_k-2\frac{\|\boldsymbol{y}_k\|^2}{T_k}\boldsymbol{d}_k\right)^{\mathrm{T}}\frac{\boldsymbol{h}_{k+1}}{T_k} \\
&= \frac{\boldsymbol{y}_k^{\mathrm{T}}\boldsymbol{h}_{k+1}T_k(\boldsymbol{d}_k^{\mathrm{T}}\boldsymbol{h}_{k+1})-\|\boldsymbol{h}_{k+1}\|^2T_k^2-2\|\boldsymbol{y}_k\|^2(\boldsymbol{d}_k^{\mathrm{T}}\boldsymbol{h}_{k+1})}{T_k^2}.
\end{aligned} \tag{3.64}$$

令 $\boldsymbol{u}=\frac{1}{2}T_k\boldsymbol{h}_{k+1}$, $\boldsymbol{v}=2(\boldsymbol{d}_k^{\mathrm{T}}\boldsymbol{h}_{k+1})\boldsymbol{y}_k$; 结合不等式 $\boldsymbol{u}^{\mathrm{T}}\boldsymbol{v}\leqslant\frac{1}{2}(\boldsymbol{u}^2+\boldsymbol{v}^2)$, 可得

$$\boldsymbol{h}_{k+1}^{\mathrm{T}}\boldsymbol{d}_{k+1}$$

$$\leqslant \frac{\frac{1}{2}\left(\frac{1}{4}T_k^2\|\boldsymbol{h}_{k+1}\|^2+4(\boldsymbol{d}_k^{\mathrm{T}}\boldsymbol{h}_{k+1})^2\|\boldsymbol{y}_k\|^2\right)-\|\boldsymbol{h}_{k+1}\|^2T_k^2-2\|\boldsymbol{y}_k\|^2(\boldsymbol{d}_k^{\mathrm{T}}\boldsymbol{h}_{k+1})}{T_k^2}$$

$$=-\frac{7}{8}\|\boldsymbol{h}_{k+1}\|^2.$$

基于上面的分析, 下面将改进的 HZ 公式应用于问题 3.17 中. 结合 1.4 节中的 Moreau-Yosida 正则化函数 $F(\boldsymbol{x})$, 提出下列改进的 HZ 共轭梯度算法.

算法 3.4(HZ 算法)

步 1. 给定参数 $\boldsymbol{x}_0\in\Re^n$, $\lambda>0$, $\sigma,\eta\in(0,1)$, $\rho\in(0,1/2]$, $\epsilon\in[0,1)$, $\varepsilon_0=1$ 和 $\boldsymbol{d}_0=-\boldsymbol{g}_0$. 令 $k=0$.

步 2. 计算 $\boldsymbol{g}^{\alpha}(\boldsymbol{x}_k,\varepsilon_k)$, 若 $\|\boldsymbol{g}^{\alpha}(\boldsymbol{x}_k,\varepsilon_k)\|\leqslant\epsilon$, 算法终止. 否则, 进入步 3.

步 3. 确定步长 $\alpha_k=\max\{\rho^j|j=0,1,2,\ldots\}$, 满足下列 Armijo 线搜索条件

$$F(\boldsymbol{x}_k+\boldsymbol{g}\alpha_k\boldsymbol{d}_k,\varepsilon_{k+1}))\leqslant F(\boldsymbol{x}_k,\varepsilon_k))+\sigma\alpha_k\boldsymbol{g}^{\alpha}(\boldsymbol{x}_k,\varepsilon_k)^{\mathrm{T}}\boldsymbol{d}_k. \tag{3.65}$$

步 4. 令 $\boldsymbol{x}_{k+1}=\boldsymbol{x}_k+\alpha_k\boldsymbol{d}_k$.

步 5. 计算 $\boldsymbol{g}^{\alpha}(\boldsymbol{x}_{k+1},\varepsilon_{k+1})$, 若 $\|\boldsymbol{g}^{\alpha}(\boldsymbol{x}_{k+1},\varepsilon_{k+1})\|\leqslant\epsilon$, 算法终止. 否则, 进入步 6.

步 6. 由下式计算搜索方向 $\boldsymbol{d}_{k+1}$,

$$\boldsymbol{d}_{k+1}=\begin{cases}-\boldsymbol{g}^{\alpha}(\boldsymbol{x}_{k+1},\varepsilon_{k+1})+\bar{\beta}_k^N\boldsymbol{d}_k, & \text{若} k\geqslant 1,\\ -\boldsymbol{g}^{\alpha}(\boldsymbol{x}_{k+1},\varepsilon_{k+1}), & \text{若} k=0.\end{cases} \tag{3.66}$$

返回至步 2.

算法 3.5(改进 HZ 算法)　算法 3.4 中步 6 做如下替换: 由下式计算搜索方向 $\boldsymbol{d}_{k+1}$,

$$\boldsymbol{d}_{k+1}=\begin{cases}-\boldsymbol{g}^{\alpha}(\boldsymbol{x}_{k+1},\varepsilon_{k+1})+\beta_k^{GN}\boldsymbol{d}_k, & \text{若} k\geqslant 1,\\ -\boldsymbol{g}^{\alpha}(\boldsymbol{x}_{k+1},\varepsilon_{k+1}), & \text{若} k=0,\end{cases} \tag{3.67}$$

返回至步 2.

为了证明算法的全局收敛性, 提出如下假设:

假设 3.3 (i) F 有下界并且序列 $\{\boldsymbol{V}_k\}$ 有界, 那么存在 $M>0$ 使得

$$\|\boldsymbol{V}_k\| \leqslant M, \quad \forall\, k. \tag{3.68}$$

(ii) $\boldsymbol{g}$ 在点 $\boldsymbol{x}$ 处 BD-正则.

(iii) F 有界.

(iv) 对充分大的 k, ε_k 收敛于 0.

由假设 3.3, 容易得到存在一个 $M_*>1$ 使得

$$\|\boldsymbol{d}_k\| \leqslant M_*\|\boldsymbol{g}^\alpha(\boldsymbol{x}_k,\varepsilon_k)\|, \quad \forall k. \tag{3.69}$$

引理 3.9 序列 $\{\boldsymbol{x}_k\}$ 是由算法 3.5 产生的. 令引理 3.3 成立, 那么对充分大的 k, 存在一个 $\alpha_*>0$ 使得

$$\alpha_k \geqslant \alpha_*. \tag{3.70}$$

证明 α_k 满足 Armijo 线搜索条件 (3.65). 若 $\alpha_k=1$, 则结论得证. 否则, 令 $\alpha_k'=\dfrac{\alpha_k}{\rho}$; 则

$$F(\boldsymbol{x}_k+\alpha_k'\boldsymbol{d}_k,\varepsilon_{k+1})-F(\boldsymbol{x}_k,\varepsilon_k)>\sigma\alpha_k'\boldsymbol{g}^\alpha(\boldsymbol{x}_k,\varepsilon_k)^{\mathrm{T}}\boldsymbol{d}_k.$$

由 Taylor 公式, 有

$$\begin{aligned}\sigma\alpha_k'\boldsymbol{g}^\alpha(\boldsymbol{x}_k,\varepsilon_k)^{\mathrm{T}}\boldsymbol{d}_k &< F(\boldsymbol{x}_k+\alpha_k'\boldsymbol{d}_k,\varepsilon_{k+1})-F(\boldsymbol{x}_k,\varepsilon_k)\\ &=\alpha_k'\boldsymbol{d}_k^{\mathrm{T}}\boldsymbol{g}^\alpha(\boldsymbol{x}_k,\varepsilon_k)+\frac{1}{2}(\alpha_k')^2\boldsymbol{d}_k^{\mathrm{T}}V(\boldsymbol{\xi}_k)\boldsymbol{d}_k\\ &\leqslant\alpha_k'\boldsymbol{d}_k^{\mathrm{T}}\boldsymbol{g}^\alpha(\boldsymbol{x}_k,\varepsilon_k)(\boldsymbol{x}_k)+\frac{M}{2}(\alpha_k')^2\|\boldsymbol{d}_k\|^2,\end{aligned} \tag{3.71}$$

其中 $\boldsymbol{\xi}_k=\boldsymbol{x}_k+\theta\alpha_k'\boldsymbol{d}_k$, $\theta\in(0,1)$, 且最后一个不等式由 (3.68) 推出. 结合 $\boldsymbol{d}_k^{\mathrm{T}}\boldsymbol{g}^\alpha(\boldsymbol{x}_k,\varepsilon_k)\leqslant-\dfrac{7}{8}\|\boldsymbol{g}^\alpha(\boldsymbol{x}_k,\varepsilon_k)\|^2$, (3.69) 和 (3.71), 有

$$\begin{aligned}\alpha_k' &> \left[\frac{-(1-\sigma)\boldsymbol{g}^\alpha(\boldsymbol{x}_k,\varepsilon_k)(\boldsymbol{x}_k)^{\mathrm{T}}\boldsymbol{d}_k}{\|\boldsymbol{d}_k\|^2}\right]\frac{2}{M}\\ &=\left[\frac{(1-\sigma)\|\boldsymbol{g}^\alpha(\boldsymbol{x}_k,\varepsilon_k)(\boldsymbol{x}_k)\|^2}{\|\boldsymbol{d}_k\|^2}\right]\frac{7}{4M}\geqslant\frac{7(1-\sigma)}{4MM_*^2}.\end{aligned} \tag{3.72}$$

因此, 可以得到

$$\alpha_k \geqslant \frac{7\rho(1-\sigma)}{4MM_*^2}.$$

令 $\alpha_* \in \left(0, \dfrac{7\rho(1-\sigma)}{4MM_*^2}\right]$, 证毕. □

下面证明算法 3.5 的全局收敛性.

定理 3.10 假如引理 3.9 中的条件都成立. 那么

$$\lim_{k\to\infty} \|\boldsymbol{g}(\boldsymbol{x}_k)\| = 0; \tag{3.73}$$

且序列 $\boldsymbol{x}_k$ 的任一聚点都是问题 (3.17) 的最优解.

证明 首先证明

$$\lim_{k\to\infty} \|\boldsymbol{g}^\alpha(\boldsymbol{x}_k, \varepsilon_k)\| = 0. \tag{3.74}$$

采用反证法, 假设式 (3.74) 不成立. 那么存在 $\epsilon_0 > 0$ 和 $k_* > 0$ 满足

$$\|\boldsymbol{g}^\alpha(\boldsymbol{x}_k, \varepsilon_k)\| \geqslant \epsilon_1, \quad \forall\, k > k_*. \tag{3.75}$$

结合 $\boldsymbol{d}_k^{\mathrm{T}}\boldsymbol{g}^\alpha(\boldsymbol{x}_k, \varepsilon_k) \leqslant -\dfrac{7}{8}\|\boldsymbol{g}^\alpha(\boldsymbol{x}_k, \varepsilon_k)\|^2$, 式 (3.65), (3.70) 和 (3.75), 可以得到

$$\begin{aligned}
&F(\boldsymbol{x}_{k+1}, \varepsilon_{k+1}) - F(\boldsymbol{x}_k, \varepsilon_k)\\
\leqslant &\sigma\alpha_k \boldsymbol{g}^\alpha(\boldsymbol{x}_k, \varepsilon_k)^{\mathrm{T}}\boldsymbol{d}_k\\
= &-\frac{7\sigma}{8}\alpha_k\|\boldsymbol{g}^\alpha(\boldsymbol{x}_k, \varepsilon_k)\|^2 \leqslant -\frac{7\sigma\alpha_*\epsilon_0^2}{8}, \quad \forall\, k > k_*.
\end{aligned} \tag{3.76}$$

因为 $F(x)$ 对任意的 k 都有下界, 它满足式 (3.76) 使得

$$\sum_{k=k_0}^{\infty} \frac{7\sigma\alpha_*\epsilon_0^2}{8} < \infty,$$

这与 $\sum_{k=k_0}^{\infty} \dfrac{7\sigma\alpha_*\epsilon_0^2}{8} = \infty$ 相矛盾. 因此, 式 (3.73) 成立. 故得

$$\|\boldsymbol{g}^\alpha(\boldsymbol{x}_k, \varepsilon_k) - \boldsymbol{g}(\boldsymbol{x}_k)\| \leqslant \sqrt{\frac{2\varepsilon_k}{\lambda}}.$$

从而有

$$\lim_{k\to\infty}\|\boldsymbol{g}(\boldsymbol{x}_k)\|=0. \tag{3.77}$$

设 $\boldsymbol{x}^*$ 是序列 $\{\boldsymbol{x}_k\}$ 的一个聚点, 不失一般性, 假设存在一个子序列 $\{\boldsymbol{x}_k\}_K$ 满足

$$\lim_{k\in K,\,k\to\infty}\boldsymbol{x}_k=\boldsymbol{x}^*. \tag{3.78}$$

由式 (3.78) 可得 $\|\boldsymbol{g}(\boldsymbol{x}^*)\|=\|\nabla F(\boldsymbol{x}^*)\|=0$. 那么由 $F(x)$ 的性质知, $\boldsymbol{x}^*$ 是问题 (3.17) 的一个最优解. 证毕. □

下面验证算法 3.5 的数值性能. 算法程序在 Fortran 上运行, 所有的数值实验运行在配置为 CPU Intel Pentium Dual E7500 2.93GHz, 2G SDRAM 内存的电脑上, 操作系统为 Windows XP. 参数设置为: $\sigma=0.8,\rho=0.5,c=0.01,\epsilon_k=1E-15$, $\eta=0.01$. 当满足 $\|\boldsymbol{g}^\alpha(\boldsymbol{x}_k,\varepsilon_k)\|\leqslant 1E-5$ 或者 $|F(\boldsymbol{x}_{k+1},\varepsilon_{k+1})-F(\boldsymbol{x}_k,\varepsilon_k)|\leqslant 1E-8$ 或者 $|f(\boldsymbol{x}_k)-f_{\text{ops}}|\leqslant 1E-4$ 时终止. 其中 $f_{\text{ops}}(x)$ 是对应函数的最优值. 表 3.11 和表 3.12 中各个参数含义如下:

NI: 总的迭代次数.

NF: 函数值的计算次数.

$\|\boldsymbol{g}\|$: 在最后一次迭代时, $\boldsymbol{g}(\boldsymbol{x})$ 的范数值.

TIME: CPU 的运行时间.

$f(\boldsymbol{x})$: 在最后一次迭代时, $f(\boldsymbol{x})$ 的值.

表 3.11 大规模测试问题算法 3.4 数值结果

Problem	Dim	NI/NF	$\|\boldsymbol{g}\|$	TIME	$f(\boldsymbol{x})$
Generalization of MAXQ	5000	122/2304	4.963444E−05	3.109375E−01	2.977173E−08
	10000	130/2448	1.044454E−04	6.546875E−01	3.132891E−08
	50000	142/2720	5.295883E−04	3.451688E+00	3.177435E−08
	100000	148/2844	8.533346E−04	8.389563E+00	2.559965E−08
Generalization of MXHILB	5000	48/902	0	5.279200E+02	0.000000E+00
	10000	52/978	0	2.290124E+03	0.000000E+00
	50000	63/1194	3.689089E−10	−1.577677E+04	9.789607E−07
Nonsmooth	5000	2/10	1.237676E−11	9.243751E−02	4.974295E−04

续表

Problem	Dim	NI/NF	$\|g\|$	TIME	$f(x)$
generalization	10000	2/10	2.475351E−11	1.864375E−01	9.949586E−04
of Brown	50000	11/28	2.653539E−08	1.733438E+00	7.284824E−02
function 2	100000	11/28	5.307078E−08	3.514188E+00	1.456979E−01
Chained	5000	2/10	5.112873E−11	1.084375E−01	2.147704E−04
Crescent Ⅰ	10000	2/10	1.022575E−10	2.014375E−01	4.292833E−04
	50000	11/28	8.292310E−08	1.842438E+00	2.732175E−02
	100000	11/28	1.658462E−07	3.842188E+00	5.464022E−02
Chained	5000	2/10	5.112873E−11	1.084375E−01	1.072480E−03
Crescent Ⅱ	10000	2/10	1.022575E−10	2.174375E−01	2.145045E−03
	50000	11/28	8.292310E−08	1.920438E+00	1.365921E−01
	100000	11/28	1.658462E−07	3.998188E+00	2.731853E−01

表 3.12 大规模测试问题算法 3.5 数值结果

Problem	Dim	NI/NF	$\|g\|$	TIME	$f(x)$
Generalization	5000	250/5197	1.146977E−04	6.864375E−01	6.879798E−08
of MAXQ	10000	261/5458	2.217929E−04	1.466938E+00	6.652789E−08
	50000	286/5991	1.099941E−03	7.576313E+00	6.599447E−08
	100000	297/6222	2.127262E−03	1.831106E+01	6.381689E−08
Generalization	5000	98/2010	5.769694E−06	1.189811E+03	3.089375E−04
of MXHILB	10000	107/2199	3.611318E−06	5.205405E+03	1.859985E−04
	50000	129/2679	3.710004E−06	1.349417E+04	9.817318E−05
Nonsmooth	5000	12/42	4.656623E−06	2.485625E−01	3.051151E−01
generalization	10000	13/44	9.313248E−06	5.143125E−01	6.102913E−01
of Brown	50000	23/66	2.910396E−06	3.498188E+00	7.629259E−01
function 2	100000	41/102	5.820813E−06	9.967688E+00	1.525870E+00
Chained	5000	16/107	9.879814E−06	2.955625E−01	9.438992E−02
Crescent Ⅰ	10000	16/108	4.939907E−06	6.083125E−01	9.434321E−02
	50000	26/129	6.174896E−06	3.983187E+00	2.357575E−01
	100000	27/132	3.087449E−06	1.121769E+01	2.357495E−01
Chained	5000	13/45	3.637988E−06	3.115625E−01	2.860797E−01
Crescent Ⅱ	10000	14/47	7.275977E−06	6.393125E−01	5.721824E−01
	50000	42/104	9.095022E−06	4.248188E+00	1.430506E+00
	100000	51/123	4.547519E−06	1.188969E+01	1.430513E+00

第4章　信赖域方法

4.1　信赖域方法基本框架

信赖域方法首先在当前点附近建立目标函数的一个近似二次模型，然后利用目标函数在当前点的某邻域内与该二次模型的充分近似，基于二次模型在该邻域内的最优值点产生新的迭代点. 这里的邻域就是信赖域. 此方法的迭代过程中，通过判断二次模型与目标函数的近似程度来调节信赖域半径的大小：若新的迭代点不能使目标函数有充分的下降，说明二次模型与目标函数的近似度不够高，需要缩小信赖域半径；否则，就扩大信赖域半径. 上述信赖域半径的调整过程就是对当前点的小邻域进行量化的过程. 信赖域半径在信赖域算法中是十分重要的，若信赖域半径较小，则二次模型与目标函数虽然会有较好的近似，但可能会失去使新的迭代点与目标函数的最优值点更靠近的机会，进而影响算法的计算效率. 如果信赖域半径太大，二次模型与目标函数的近似效果较差，从而使二次模型的极小值点远离目标函数的极小值点，以至于新的迭代点对目标函数值改进较小或没有改进.

首先考虑一般无约束问题

$$\min_{\boldsymbol{x}\in\Re^n} f(\boldsymbol{x}), \tag{4.1}$$

设 $\boldsymbol{x}_k$ 是第 k 次迭代点. 由信赖域方法的近似二次模型，信赖域子问题一般取为

$$\begin{aligned} \min \quad & m_k(\boldsymbol{d}) = f_k + \boldsymbol{g}_k^{\mathrm{T}}\boldsymbol{d} + \frac{1}{2}\boldsymbol{d}^{\mathrm{T}}\boldsymbol{B}_k\boldsymbol{d}, \\ \text{s.t.} \quad & \|\boldsymbol{d}\| \leqslant \Delta_k, \end{aligned} \tag{4.2}$$

其中，$f_k = f(\boldsymbol{x}_k)$，$\boldsymbol{g}_k = \nabla f(\boldsymbol{x}_k)$，$\boldsymbol{B}_k = \nabla^2 f(\boldsymbol{x}_k)$ 或者 $\nabla^2 f(\boldsymbol{x}_k)$ 的近似矩阵，Δ_k 为信赖域半径，$\|\cdot\|$ 为任一种向量范数，一般选择为 2-范数.

设 $\boldsymbol{d}_k$ 为信赖域子问题 (4.2) 的最优解, 定义第 k 次迭代的实际下降量为

$$\mathrm{Ared}_k = f_k - f(\boldsymbol{x}_k + \boldsymbol{d}_k), \tag{4.3}$$

预测下降量为

$$\mathrm{Pred}_k = m_k(\boldsymbol{0}) - m_k(\boldsymbol{d}_k), \tag{4.4}$$

其比值为

$$r_k = \frac{\mathrm{Ared}_k}{\mathrm{Pred}_k}. \tag{4.5}$$

一般地, 预测下降量满足 $\mathrm{Pred}_k > 0$. 因此, 若 $r_k < 0$, 那么 $\mathrm{Ared}_k < 0$, $\boldsymbol{x}_k + \boldsymbol{d}_k$ 不能作为下一次迭代点, 需要缩小信赖域半径重新计算信赖域子问题. 若 r_k 接近于 1, 说明二次模型与目标函数在信赖域范围内有很好的近似, 此时 $\boldsymbol{x}_{k+1} = \boldsymbol{x}_k + \boldsymbol{d}_k$ 可以作为新的迭代点, 同时下一次迭代时可以增大信赖域半径. 对于其他情况, 信赖域半径可以保持不变. 信赖域算法更详细的介绍可以参见文 [40, 54, 64].

下面给出信赖域方法求解问题 (4.3) 的算法步骤.

算法 4.1(信赖域方法)

步 1. 选取初始值 $\epsilon > 0$. 初始信赖域半径 $\Delta_0 = 1$, 最大信赖域半径 $\Delta_{\max}$, 初始点 $\boldsymbol{x}_0 \in \Re^n$, $0 \leqslant \mu_1 < \mu_2 < 1$, $0 < \eta_1 < 1 < \eta_2$. 令 $k = 0$.

步 2. 若 $\|\boldsymbol{g}_k\| \leqslant \epsilon$, 则算法终止. 否则, 进入步 3.

步 3. 通过计算信赖域子问题 (4.2) 的解, 得到试探步 $\boldsymbol{d}_k$.

步 4. 利用式 (4.3), (4.4) 和 (4.5) 分别计算 Ared_k, Pred_k 和 r_k 的值, 并更新信赖域半径

$$\Delta_{k+1} = \begin{cases} \eta_1 \Delta_k, & 若\ \ r_k < \mu_1, \\ \min\{\eta_2 \Delta_k, \Delta_{\max}\}, & 若\ \ r_k \geqslant \mu_2, \\ \Delta_k, & 否则. \end{cases}$$

步 5. 若 $r_k > \mu_1$, 则令 $\boldsymbol{x}_{k+1} = \boldsymbol{x}_k + \boldsymbol{d}_k$, 更新 $\boldsymbol{B}_k$, 返回至步 2; 否则 $\boldsymbol{x}_{k+1} = \boldsymbol{x}_k$, 令 $k = k + 1$, 返回至步 3.

下面给出一个信赖域方法著名的引理.

引理 4.1 设 $\boldsymbol{d}_k$ 是信赖域子问题 (4.2) 的解, 则有

$$\mathrm{Pred}_k \geqslant \frac{1}{2}\|\boldsymbol{g}_k\| \min\left\{\Delta_k, \frac{\boldsymbol{g}_k}{\|\boldsymbol{B}_k\|}\right\}. \tag{4.6}$$

4.2 有限记忆法

本节给出更新 $\boldsymbol{B}_k$ 的有限记忆 BFGS(L-BFGS) 公式. 有限记忆 BFGS 方法与一般 BFGS 方法的不同之处在于矩阵的更新, 在每一次迭代 $\boldsymbol{x}_k$ 中, L-BFGS 不再直接存储矩阵 $\boldsymbol{H}_k$, 只存储少量 (记为 m 个) 修正数对 $\{\boldsymbol{s}_i, \boldsymbol{y}_i\}$, $i = k-1, ..., k-m$, 其中 $\boldsymbol{s}_k = \boldsymbol{x}_{k+1} - \boldsymbol{x}_k$, $\boldsymbol{y}_k = \boldsymbol{g}_{k+1} - \boldsymbol{g}_k$. 从而得到 Hessian 逆矩阵的近似矩阵 $\boldsymbol{H}_{k+1}$.

这些修正的数对包含了函数的曲率信息和 BFGS 公式的梯度信息, 从而可定义有限记忆的迭代矩阵 $\boldsymbol{B}_k$, 这里不需要通过显性构造而又能更好地表示出这些矩阵. 下面给出一个有限记忆矩阵 $\boldsymbol{B}_k$ 的定义[4]:

$$\boldsymbol{S}_k = [\boldsymbol{s}_{k-m}, \ldots, \boldsymbol{s}_{k-1}], \quad \boldsymbol{Y}_k = [\boldsymbol{y}_{k-m}, \ldots, \boldsymbol{y}_{k-1}]. \tag{4.7}$$

更一般地, 对于参数 θ, 若 $\theta > 0$, 且 m 个修正数对 $\{\boldsymbol{s}_i, \boldsymbol{y}_i\}_{i=k-1}^{k-m}$, 满足 $(\boldsymbol{s}_i)^{\mathrm{T}}\boldsymbol{y}_i > 0$, 则使用 BFGS 公式和 $\{\boldsymbol{s}_i, \boldsymbol{y}_i\}_{i=k-1}^{k-m}$ 进行 m 次更新 $\theta\boldsymbol{I}$, 这里 $\boldsymbol{I}$ 为单位矩阵, 得到下列矩阵

$$\boldsymbol{B}_k = \theta\boldsymbol{I} - \boldsymbol{W}_k\boldsymbol{M}_k(\boldsymbol{W}_k)^{\mathrm{T}}, \tag{4.8}$$

其中

$$\boldsymbol{W}_k = [\boldsymbol{Y}_k \ \ \theta\boldsymbol{S}_k], \tag{4.9}$$

$$\boldsymbol{M}_k = [-\boldsymbol{D}_k \ \ (\boldsymbol{L}_k)^{\mathrm{T}}; \boldsymbol{L}_k \ \ \theta(\boldsymbol{S}_k)^{\mathrm{T}}\boldsymbol{S}_k]^{-1}, \tag{4.10}$$

且 $\boldsymbol{D}_k$ 和 $\boldsymbol{L}_k$ 为 $m \times m$ 阶矩阵

$$\boldsymbol{D}_k = \mathrm{diag}[(\boldsymbol{s}_{k-m})^{\mathrm{T}}\boldsymbol{y}_{k-m}, \ldots, (\boldsymbol{s}_{k-1})^{\mathrm{T}}\boldsymbol{y}_{k-1}]. \tag{4.11}$$

$$(\boldsymbol{L}_k)_{i,j} = \begin{cases} (\boldsymbol{s}_{k-m-1+i})^{\mathrm{T}}(\boldsymbol{y}_{k-m-1+j}), & \text{若 } i > j, \\ 0, & \text{否则}. \end{cases} \tag{4.12}$$

本节式 (4.8) 是基于文 [4] 中 (3.5) 式修改得到的. 注意到 $\boldsymbol{M}_k$ 是一个 $2m \times 2m$ 阶矩阵, 又因为一般 m 选择为一个很小的整数, 计算式 (4.11) 的逆所需要的计算代价是可以忽略不计的, 因此使用式 (4.8) 计算得到 $\boldsymbol{B}_k$ 是合理的.

对于有限记忆 BFGS 方法中矩阵 $\boldsymbol{H}_k$, 有如下公式:

$$\boldsymbol{H}_k = \frac{1}{\theta}\boldsymbol{I} + \bar{\boldsymbol{W}}_k\bar{\boldsymbol{M}}_k(\bar{\boldsymbol{W}}_k)^{\mathrm{T}}, \tag{4.13}$$

其中

$$\bar{\boldsymbol{W}}_k = \left[\frac{1}{\theta}\boldsymbol{Y}_k \ \ \boldsymbol{S}_k\right],$$

$$\bar{\boldsymbol{M}}_k = \left[0 \ \ -(\boldsymbol{R}_k)^{-1}; -(\boldsymbol{R}_k)^{-\mathrm{T}} \ \ (\boldsymbol{R}_k)^{-\mathrm{T}}\left(\boldsymbol{D}_k + \frac{1}{\theta}(\boldsymbol{Y}_k)^{\mathrm{T}}\boldsymbol{Y}_k\right)(\boldsymbol{R}_k)^{-1}\right]$$

和

$$(R_k)_{i,j} = \begin{cases} (\boldsymbol{s}_{k-m-1+i})^{\mathrm{T}}(\boldsymbol{y}_{k-m-1+j}), & 若\ i \leqslant j, \\ 0, & 否则. \end{cases} \tag{4.14}$$

将上述公式与 BFGS 公式结合, 即可以定义有限记忆 BFGS 方法中的迭代矩阵, 对其他拟牛顿更新公式, 如 DFP 等, 可以采用类似的处理方式.

考虑到 L-BFGS 公式的有效性, 设 $\rho_k = \dfrac{1}{\boldsymbol{y}_k^{\mathrm{T}}\boldsymbol{s}_k}$ 和 $\boldsymbol{U}_k = \boldsymbol{I} - \rho_k\boldsymbol{y}_k\boldsymbol{s}_k^{\mathrm{T}}$. 若使用修正数对, 则

$$\begin{aligned}\boldsymbol{H}_{k+1} =& \boldsymbol{U}_k^{\mathrm{T}}[(\boldsymbol{U}_{k-1})^{\mathrm{T}}\boldsymbol{H}_{k-1}\boldsymbol{U}_{k-1} + \rho_{k-1}\boldsymbol{s}_{k-1}\boldsymbol{s}_{k-1}^{\mathrm{T}}]\boldsymbol{U}_k + \rho_k\boldsymbol{s}_k\boldsymbol{s}_k^{\mathrm{T}} \\ =& \boldsymbol{V}_k^{\mathrm{T}}\boldsymbol{U}_{k-1}^{\mathrm{T}}\boldsymbol{H}_{k-1}\boldsymbol{U}_{k-1} + \boldsymbol{U}_k^{\mathrm{T}}\rho_{k-1}\boldsymbol{s}_{k-1}\boldsymbol{s}_{k-1}^{\mathrm{T}}\boldsymbol{U}_k + \rho_k\boldsymbol{s}_k\boldsymbol{s}_k^{\mathrm{T}} \\ =& \cdots \\ =& [\boldsymbol{U}_k^{\mathrm{T}}\ldots\boldsymbol{U}_{k-m+1}^{\mathrm{T}}]\boldsymbol{H}_{k-m+1}[\boldsymbol{U}_{k-m+1}\ldots\boldsymbol{U}_k] + \rho_{k+m-1}[\boldsymbol{U}_{k-1}^{\mathrm{T}} \\ & \ldots\boldsymbol{U}_{k-m+2}^{\mathrm{T}}]\boldsymbol{s}_{k-m+1}\boldsymbol{s}_{k-m+1}^{\mathrm{T}}[\boldsymbol{U}_{k-m+2}\ldots U_{k-1}] + \cdots + \rho_k\boldsymbol{s}_k\boldsymbol{s}_k^{\mathrm{T}}.\end{aligned} \tag{4.15}$$

为了保持 L-BFGS 更新矩阵的正定性, 由文 [5] 知, 当不满足 $\boldsymbol{s}_k^{\mathrm{T}}\boldsymbol{y}_k > 0$ 时,舍弃修正数对 $\{\boldsymbol{s}_k, \boldsymbol{y}_k\}$. 也可以采用 Powell[46] 提出的另一种方法, 其

中定义 $\boldsymbol{y}_k$ 为

$$\boldsymbol{y}_k=\begin{cases}\boldsymbol{y}_k, & 若\ \boldsymbol{s}_k^{\mathrm{T}}\boldsymbol{y}_k\geqslant 0.2\boldsymbol{s}_k^{\mathrm{T}}\boldsymbol{B}_k\boldsymbol{s}_k,\\ \theta_k\boldsymbol{y}_k+(1-\theta_k)\boldsymbol{B}_k\boldsymbol{s}_k, & 否则,\end{cases}\tag{4.16}$$

其中 $\theta_k=\dfrac{0.8\boldsymbol{s}_k^{\mathrm{T}}\boldsymbol{B}_k\boldsymbol{s}_k}{\boldsymbol{s}_k^{\mathrm{T}}\boldsymbol{B}_k\boldsymbol{s}_k-\boldsymbol{s}_k^{\mathrm{T}}\boldsymbol{y}_k}$ 和 $\boldsymbol{B}_k=(\boldsymbol{H}_k)^{-1}$.

4.3 梯度信赖域算法

本节内容主要来自于文献 [63]. 首先介绍搜索方向如何产生. 给定 $\Delta>0,\Delta_{\max}>0,\ \gamma_k>0$. 设 $\boldsymbol{x}_k$ 是当前的迭代点. 算法的搜索方向 $\bar{\boldsymbol{d}}_*(\Delta)$ 由下列三个步骤得到:

步 1. 梯度方向. 计算

$$\bar{\boldsymbol{d}}_{*k}^{G}(\Delta)=-\frac{\Delta}{\Delta_{\max}}\gamma_k\boldsymbol{g}^{\alpha}(\boldsymbol{x}_k,\varepsilon_k),\tag{4.17}$$

称方向 $\bar{\boldsymbol{d}}_{*k}^{G}(\Delta)$ 为梯度方向. 为了加速算法的收敛, 计算信赖域方向.

步 2. 信赖域方向. 在每次迭代, 信赖域试探步 $\boldsymbol{d}_{*k}^{\mathrm{tr}}(\Delta)$ 通过求解下列信赖域子问题得到, 在这个子问题中使用了 $F(\boldsymbol{x})$ 在 $\boldsymbol{x}_k$ 处的梯度信息和 $\partial_B\boldsymbol{g}(\boldsymbol{x}_k)$:

$$\begin{aligned}\min\quad & m_k(\boldsymbol{d})=\boldsymbol{g}^{\alpha}(\boldsymbol{x}_k,\varepsilon_k)^{\mathrm{T}}\boldsymbol{d}+\frac{1}{2}\boldsymbol{d}^{\mathrm{T}}\boldsymbol{B}_k\boldsymbol{d},\\ \text{s.t.}\quad & \|\boldsymbol{d}\|\leqslant\Delta.\end{aligned}$$

其中 $\varepsilon_k>0$, Δ 为相应地信赖域半径.

则信赖域方向为

$$\bar{\boldsymbol{d}}_{*k}^{\mathrm{tr}}(\Delta)=\boldsymbol{d}_{*k}^{\mathrm{tr}}(\Delta).\tag{4.18}$$

虽然这样加速了迭代的局部收敛, 然而当 $\boldsymbol{x}_k$ 远离最优解时, 信赖域方向可能不是一个下降方向. 另一方面, 若 ε_k 充分小, 梯度方向总是下降方向. 从而, 类似文献 [49] 的想法, 将这两个方向组合起来, 可以得到一个具有下降性且快速收敛性质的搜索方向.

步 3. 搜索方向. 设

$$\bar{\boldsymbol{d}}_{*k}(\Delta)=t_{*k}^{*}(\Delta)\bar{\boldsymbol{d}}_{*k}^{G}(\Delta)+(1-t_{*k}^{*}(\Delta))\bar{\boldsymbol{d}}_{*k}^{\mathrm{tr}}(\Delta), \tag{4.19}$$

其中, $t_{*k}^{*}(\Delta)\in(0,1)$ 是下列一维二次优化问题的解:

$$\begin{aligned}\min_{t\in[0,1]} q_{*k}^{\Delta}(t)=&[t\bar{\boldsymbol{d}}_{*k}^{G}(\Delta)+(1-t)\bar{\boldsymbol{d}}_{*k}^{\mathrm{tr}}(\Delta)]^{\mathrm{T}}\boldsymbol{g}^{\alpha}(\boldsymbol{x}_k,\varepsilon_k)\\&+\frac{1}{2}[t\bar{\boldsymbol{d}}_{*k}^{G}(\Delta)+(1-t)\bar{\boldsymbol{d}}_{*k}^{\mathrm{tr}}(\Delta)]^{\mathrm{T}}(\boldsymbol{V}_k+\varepsilon_k\boldsymbol{I})[t\bar{\boldsymbol{d}}_{*k}^{G}(\Delta)\\&+(1-t)\bar{\boldsymbol{d}}_{*k}^{\mathrm{tr}}(\Delta)].\end{aligned} \tag{4.20}$$

由

$$\nabla q_{*k}^{\Delta}(t)=0,$$

可以得到

$$t_{*k}(\Delta)=\begin{cases}-\dfrac{[\bar{\boldsymbol{d}}_{*k}^{G}(\Delta)-\bar{\boldsymbol{d}}_{*k}^{\mathrm{tr}}(\Delta)]^{\mathrm{T}}\boldsymbol{g}^{\alpha}(\boldsymbol{x}_k,\varepsilon_k)+[\bar{\boldsymbol{d}}_{*k}^{G}(\Delta)-\bar{\boldsymbol{d}}_{*k}^{\mathrm{tr}}(\Delta)]^{\mathrm{T}}\boldsymbol{B}_k\bar{\boldsymbol{d}}_{*k}^{\mathrm{tr}}(\Delta)}{[\bar{\boldsymbol{d}}_{*k}^{G}(\Delta)-\bar{\boldsymbol{d}}_{*k}^{\mathrm{tr}}(\Delta)]^{\mathrm{T}}\boldsymbol{B}_k[\bar{\boldsymbol{d}}_{*k}^{G}(\Delta)-\bar{\boldsymbol{d}}_{*k}^{\mathrm{tr}}(\Delta)]},\\ \qquad\qquad\qquad\qquad\qquad\qquad 若\ \boldsymbol{B}_k\bar{\boldsymbol{d}}_{*k}^{G}(\Delta)\neq\boldsymbol{B}_k\bar{\boldsymbol{d}}_{*k}^{\mathrm{tr}}(\Delta),\\ \in(-\infty,+\infty), \qquad\qquad\qquad 若\ \boldsymbol{B}_k\bar{\boldsymbol{d}}_{*k}^{G}(\Delta)=\boldsymbol{B}_k\bar{\boldsymbol{d}}_{*k}^{\mathrm{tr}}(\Delta).\end{cases} \tag{4.21}$$

由 $t_{*k}(\Delta)$, 的定义，可以得到下列引理:

引理 4.2　问题 (4.20) 的解是

$$t_{*k}^{*}(\Delta)=\max\{0,\min\{1,t_{*k}(\Delta)\}\}, \tag{4.22}$$

其中, $t_{*k}(\Delta)$ 满足式 (4.21).

首先, 定义线搜索技术:

$$F^{\alpha}(x_k,\varepsilon_k)-F^{\alpha}(x_k+\bar{d}_{*k},\varepsilon_{k+1})\geqslant-\sigma\boldsymbol{g}^{\alpha}(\boldsymbol{x}_k,\varepsilon_k)^{\mathrm{T}}\bar{\boldsymbol{d}}_{*k}^{G}, \tag{4.23}$$

其中, $\sigma\in(0,1)$ 是一个常数.

下面给出梯度信赖域算法的步骤.

算法 4.2(梯度信赖域算法)

步 1. 初始化. 给定 $\boldsymbol{x}_0 \in \Re^n$, $0 < \alpha_1 < 1 < \alpha_2, 0 < \rho_1 < \rho_2 < 1$, $m > 0$, $\lambda > 0$, $\sigma \in (0,1)$, $\eta \in (0,1)$, $\Delta_0 > 0$, $\Delta_{\max} > \Delta_{\min} > 0$, $\boldsymbol{B}_k = \boldsymbol{H}_k^{-1} = \boldsymbol{I}$, 其中 $\boldsymbol{I}$ 是单位矩阵. 令 $k = 0$.

步 2. 终止条件. 若在 $\boldsymbol{x}_k$ 处满足终止条件 $\|\boldsymbol{g}^{\alpha}(\boldsymbol{x}_k, \varepsilon_k)\| = 0$, 算法终止. 否则, 令 $\Delta_k = \min\{\Delta_{\max}, \max\{\Delta_{\min}, \Delta_k\}\}$, $\hat{\Delta} = \Delta_k$, 选择 ε_k, 计算 $\boldsymbol{p}^{\alpha}(\boldsymbol{x}_k, \varepsilon_k)$ 和 $\boldsymbol{g}^{\alpha}(\boldsymbol{x}_k, \varepsilon_k) = (\boldsymbol{x}_k - \boldsymbol{p}^{\alpha}(\boldsymbol{x}_k, \varepsilon_k))/\lambda$.

步 3. 信赖域子问题. 求解信赖域子问题 (4.18), 得到解 $\bar{\boldsymbol{d}}_{*k}^{\mathrm{tr}}(\hat{\Delta})$.

步 4. 搜索方向. 设

$$\gamma_k = \min\left\{1, \frac{\Delta_{\max}}{\|\boldsymbol{g}^{\alpha}(\boldsymbol{x}_k, \varepsilon_k)\|}, \eta\frac{|\ F^{\alpha}(\boldsymbol{x}_k, \varepsilon_k)\ |}{\|\boldsymbol{B}_k\boldsymbol{g}^{\alpha}(\boldsymbol{x}_k, \varepsilon_k)\|}, \frac{(1-\sigma)\|\boldsymbol{d}_{*k}^{\mathrm{tr}}(\hat{\Delta})\|^2}{\Delta_{\max}}\right\}. \tag{4.24}$$

由式 (4.17), (4.18), (4.22) 分别计算 $\bar{\boldsymbol{d}}_{*k}^{G}(\hat{\Delta})$, $\bar{\boldsymbol{d}}_{*k}^{\mathrm{tr}}(\hat{\Delta})$, $t_{*k}^{*}(\hat{\Delta})$. 令

$$\bar{\boldsymbol{d}}_{*k}(\hat{\Delta}) = t_{*k}^{*}(\hat{\Delta})\bar{\boldsymbol{d}}_{*k}^{G}(\hat{\Delta}) + (1 - t_{*k}^{*}(\hat{\Delta}))\bar{\boldsymbol{d}}_{*k}^{\mathrm{tr}}(\hat{\Delta}). \tag{4.25}$$

步 5. 信赖域方向. 选择一个 ε_{k+1} 满足 $0 < \varepsilon_{k+1} < \varepsilon_k$, 令

$$\mathrm{Pred}_k = -\boldsymbol{g}^{\alpha}(\boldsymbol{x}_k, \varepsilon_k)^{\mathrm{T}}\bar{\boldsymbol{d}}_{*k}(\hat{\Delta}) - \frac{1}{2}\bar{\boldsymbol{d}}_{*k}(\hat{\Delta})^{\mathrm{T}}\boldsymbol{B}_k\bar{\boldsymbol{d}}_{*k}(\hat{\Delta})$$

和

$$\mathrm{Ared}_k = F^{\alpha}(\boldsymbol{x}_k, \varepsilon_k) - F^{\alpha}(\boldsymbol{x}_k + \bar{\boldsymbol{d}}_{*k}(\hat{\Delta}), \varepsilon_{k+1}),$$

并计算

$$\hat{r}_{*k} = \frac{\mathrm{Ared}_k}{\mathrm{Pred}_k}. \tag{4.26}$$

若条件 (4.23) 和条件

$$\hat{r}_{*k} \geqslant \rho_1 \tag{4.27}$$

成立, 令 $\boldsymbol{s}_k = \bar{\boldsymbol{d}}_{*k}(\hat{\Delta})$, $\boldsymbol{x}_{k+1} = \boldsymbol{x}_k + \boldsymbol{s}_k$, $\delta_k := \hat{\Delta}$, 和

$$\Delta_{k+1} = \begin{cases} \hat{\Delta}, & \text{若 } \rho_1 \leqslant \hat{r}_{*k} < \rho_2, \\ \alpha_2\hat{\Delta}, & \text{若 } \hat{r}_{*k} \geqslant \rho_2. \end{cases} \tag{4.28}$$

由有限记忆更新公式 (4.15) 更新 $\boldsymbol{H}_k = \boldsymbol{B}_k^{-1}$, 并令 $k = k+1$; 返回至步 2. 否则, 令 $\hat{\Delta} = \alpha_1\hat{\Delta}$ 并返回至步 3.

为了分析算法 4.2 的全局收敛性, 下列假设条件是必需的.

假设 4.1　(i) 序列 $\{B_k\}$ 是有界的, 即存在 $M>0$ 和 M^* 使得

$$\|\boldsymbol{V}_k\| \leqslant M^*, \quad \|\boldsymbol{B}_k\| \leqslant M, \quad \forall\ k, \tag{4.29}$$

其中, $\boldsymbol{V}_k \in \partial_B \boldsymbol{g}(\boldsymbol{x}_k)$.

(ii) $F^\alpha(\boldsymbol{x},\varepsilon)$ 是有下界的且 $\boldsymbol{g}$ 是 BD- 正则的.

(iii) 参数序列 $\{\varepsilon_k\}$ 收敛到 0.

容易得到梯度方向的下降性.

引理 4.3　对任意的 $\Delta \in (0,\Delta_{\max}]$, 有下式成立

$$\boldsymbol{g}^\alpha(\boldsymbol{x}_k,\varepsilon_k)^{\mathrm{T}}\bar{\boldsymbol{d}}_{*k}^G(\Delta) = -\frac{\Delta\gamma_k}{\Delta_{\max}}\|\boldsymbol{g}^\alpha(\boldsymbol{x}_k,\varepsilon_k)\|^2 = -\frac{\Delta}{\Delta_{\max}\gamma_k}\|\bar{\boldsymbol{d}}_{*k}^G(\Delta_{\max})\|^2. \tag{4.30}$$

下面假设对任意的 k 有 $\|\boldsymbol{g}^\alpha(\boldsymbol{x}_k,\varepsilon_k)\| \neq 0$, 否则, 算法找到一个近似稳定点. 通过反证法分析算法 4.2 的全局收敛性. 假设存在常数 $\epsilon>0$ 和 $k_0>0$, 对任意的 $k \geqslant k_0$, 满足

$$\|\boldsymbol{g}^\alpha(\boldsymbol{x}_k,\varepsilon_k)\| \geqslant \epsilon. \tag{4.31}$$

可以得到已知结论相矛盾, 进而证明全局收敛性. 下面的引理说明了算法 4.2 是适定的.

引理 4.4　若假设 4.1 成立, 那么算法 4.2 在步 3 和步 5 中有限次循环.

证明　由不等式 (4.31) 可以得到 $\gamma_k>0$ 和存在一个常数 $b>0$ 使得

$$\|\bar{\boldsymbol{d}}_{*k}^G(\Delta_{\max})\| \geqslant b > 0.$$

由 $O(\|\bar{\boldsymbol{d}}_{*k}^G(\hat{\Delta})\|^2)$ 的定义, 存在一个常数 $M_1>0$ 使得

$$O(\|\bar{\boldsymbol{d}}_{*k}^G(\hat{\Delta})\|^2) \leqslant M_1\|\bar{\boldsymbol{d}}_{*k}^G(\hat{\Delta})\|^2. \tag{4.32}$$

由 (4.17) 和 (4.24), 可得

$$\|\bar{\boldsymbol{d}}_{*k}^G(\hat{\Delta})\| \leqslant \frac{\hat{\Delta}}{\Delta_{\max}}\gamma_k\|\boldsymbol{g}^\alpha(\boldsymbol{x}_k,\varepsilon_k)\| \leqslant \hat{\Delta}. \tag{4.33}$$

设

$$\tilde{\Delta} = \min\left\{\Delta_{\max}, \frac{(1-\sigma)b^2}{M_1\Delta_{\max}}\right\}.$$

由 $\bar{\boldsymbol{d}}_{*k}(\hat{\Delta})$ 的定义, 对任意的 $\hat{\Delta} \in (0, \tilde{\Delta}]$, 有

$$\begin{aligned}
&F^{\alpha}(\boldsymbol{x}_k, \varepsilon_k) - F^{\alpha}(\boldsymbol{x}_k + \bar{\boldsymbol{d}}_{*k}(\hat{\Delta}), \varepsilon_{k+1}) \\
\geqslant & F^{\alpha}(\boldsymbol{x}_k, \varepsilon_k) - F^{\alpha}(\boldsymbol{x}_k + \bar{\boldsymbol{d}}_{*k}^{G}(\hat{\Delta}), \varepsilon_{k+1}) \\
= & -\boldsymbol{g}^{\alpha}(x_k, \varepsilon_k)^{\mathrm{T}}\bar{\boldsymbol{d}}_{*k}^{G}(\hat{\Delta}) - O(\|\bar{\boldsymbol{d}}_{*k}^{G}(\hat{\Delta})\|^2) \\
= & -\sigma\boldsymbol{g}^{\alpha}(\boldsymbol{x}_k, \varepsilon_k)^{\mathrm{T}}\bar{\boldsymbol{d}}_{*k}^{G}(\hat{\Delta}) - (1-\sigma)\boldsymbol{g}^{\alpha}(\boldsymbol{x}_k, \varepsilon_k)^{\mathrm{T}}\bar{\boldsymbol{d}}_{*k}^{G}(\hat{\Delta}) - O(\|\bar{\boldsymbol{d}}_{*k}^{G}(\hat{\Delta})\|^2) \\
\geqslant & -\sigma\boldsymbol{g}^{\alpha}(\boldsymbol{x}_k, \varepsilon_k)^{\mathrm{T}}\bar{\boldsymbol{d}}_{*k}^{G}(\hat{\Delta}) + \frac{\|\bar{\boldsymbol{d}}_{*k}^{G}(\hat{\Delta})\|^2}{\gamma_k\Delta_{\max}}(1-\sigma)\hat{\Delta} - M_1\hat{\Delta}^2 \\
\geqslant & -\sigma\boldsymbol{g}^{\alpha}(\boldsymbol{x}_k, \varepsilon_k)^{\mathrm{T}}\bar{\boldsymbol{d}}_{*k}^{G}(\hat{\Delta}),
\end{aligned}$$

其中, 第一个等式是由 Taylor 公式得到, 第二个不等式可以由式 (4.30), (4.32) 和 (4.33) 推得, 最后一个不等式成立是因为 $0 \leqslant \gamma_k \leqslant 1$ 和 $\hat{\Delta} \leqslant \tilde{\Delta}$. 从而对任意充分小的 $\tilde{\Delta}$, 条件 (4.23) 是成立的. 为了完成证明, 对任意充分小的 $\tilde{\Delta}$ 证明条件 (4.27) 成立. 利用反证法, 假设算法 4.2 在步 3 和步 5 中无限次循环, 则 $\hat{\Delta} \to 0$.

对于信赖域子问题 (4.18), 由引理 4.1 有

$$\begin{aligned}
&-[\bar{\boldsymbol{d}}_{*k}^{\mathrm{tr}}]^{\mathrm{T}}\boldsymbol{g}^{\alpha}(\boldsymbol{x}_k, \varepsilon_k) - \frac{1}{2}[\bar{\boldsymbol{d}}_{*k}^{\mathrm{tr}}]^{\mathrm{T}}\boldsymbol{B}_k\bar{\boldsymbol{d}}_{*k}^{\mathrm{tr}} \\
\geqslant & \frac{1}{2}\|\boldsymbol{g}^{\alpha}(\boldsymbol{x}_k, \varepsilon_k)\| \min\left\{\hat{\Delta}, \frac{\|\boldsymbol{g}^{\alpha}(\boldsymbol{x}_k, \varepsilon_k)\|}{\|\boldsymbol{B}_k\|}\right\}.
\end{aligned} \tag{4.34}$$

再由式 (4.20), (4.22), (4.25) 和 (4.34), 可以得到

$$\begin{aligned}
\mathrm{Pred}_k \geqslant & -[\bar{\boldsymbol{d}}_{*k}^{\mathrm{tr}}]^{\mathrm{T}}\boldsymbol{g}^{\alpha}(\boldsymbol{x}_k, \varepsilon_k) - \frac{1}{2}[\bar{\boldsymbol{d}}_{*k}^{\mathrm{tr}}]^{\mathrm{T}}\boldsymbol{B}_k\bar{\boldsymbol{d}}_{*k}^{\mathrm{tr}} \\
\geqslant & \frac{1}{2}\|\boldsymbol{g}^{\alpha}(\boldsymbol{x}_k, \varepsilon_k)\| \min\left\{\hat{\Delta}, \frac{\|\boldsymbol{g}^{\alpha}(\boldsymbol{x}_k, \varepsilon_k)\|}{\|\boldsymbol{B}_k\|}\right\}.
\end{aligned} \tag{4.35}$$

并注意到

$$\|\bar{\boldsymbol{d}}_{*k}^{G}(\hat{\Delta})\| \leqslant \hat{\Delta}, \quad \|\bar{\boldsymbol{d}}_{*k}^{\mathrm{tr}}(\hat{\Delta})\| \leqslant \hat{\Delta}, \tag{4.36}$$

其中第一个不等式由式 (4.17) 和 (4.24) 得到, 式 (4.18) 可以推得第二个不等式, 最后一个不等式由式 (4.18) 得到. 那么, 由式 (4.25) 有

$$\|\bar{\boldsymbol{d}}_{*k}(\hat{\Delta})\| \leqslant 2\hat{\Delta}. \tag{4.37}$$

由 $\hat{r}_{*k}$ 的定义, 可以得到

$$\begin{aligned}
\hat{r}_{*k} =& \frac{\mathrm{Ared}_k}{\mathrm{Pred}_k} = 1 + \frac{\mathrm{Ared}_k - \mathrm{Pred}_k}{\mathrm{Pred}_k} \\
=& 1 + \frac{F^{\alpha}(\boldsymbol{x}_k, \varepsilon_k) - F^{\alpha}(\boldsymbol{x}_k + \bar{\boldsymbol{d}}_{*k}(\hat{\Delta}), \varepsilon_{k+1})}{\mathrm{Pred}_k} \\
&+ \frac{\boldsymbol{g}^{\alpha}(\boldsymbol{x}_k, \varepsilon_k)^{\mathrm{T}} \bar{\boldsymbol{d}}_{*k}(\hat{\Delta}) + \frac{1}{2} \bar{\boldsymbol{d}}_{*k}(\hat{\Delta})^{\mathrm{T}} \boldsymbol{B}_k \bar{\boldsymbol{d}}_{*k}(\hat{\Delta})}{\mathrm{Pred}_k} \\
=& 1 + \frac{O(\|\bar{\boldsymbol{d}}_{*k}(\hat{\Delta})\|^2)}{O(\tilde{\Delta})} \\
\leqslant& 1 + \frac{O(\hat{\Delta}^2)}{O(\hat{\Delta})} \\
=& 1 + o(1),
\end{aligned}$$

其中第四个等式由 Taylor 公式, 式 (4.29) 和 (4.35) 联立得到, 由式 (4.37) 和 $\hat{\Delta}$ 的定义可以推得第一个不等式. 当 $\hat{\Delta}$ 是充分小, $\hat{r}_{*k} \geqslant \rho_2$ 成立. 由更新准则有, 与假设 $\hat{\Delta} \to 0$ 矛盾. 从而, 引理的结论成立. □

基于上面的引理, 容易得到下面两个性质.

性质 4.1 若假设 4.1 成立, 那么, 对任意的 $k > \hat{k}$, 存在一个指标 $\hat{k} > 0$ 和一个常数 $\bar{\Delta}$, 有

$$\hat{r}_{*k} = \frac{\mathrm{Ared}_k}{\mathrm{Pred}_k} \geqslant \rho_1 \tag{4.38}$$

和

$$\bar{\delta} = \liminf_{k\to\infty} \delta_k > 0, \tag{4.39}$$

其中, $\hat{\Delta} \in (0, \bar{\Delta})$ 和 δ_k 是由算法 4.2 中步 5 定义.

证明 由引理 4.4 的证明过程, 容易得到对任意的 $k > \hat{k}$, 当 $\hat{\Delta} < \bar{\Delta}$ 时, 存在一个常数 $\bar{\Delta}$ 和一个指标 $\hat{k} > 0$ 有不等式 $\hat{r}_{*k} \geqslant \rho_1$ 成立. 那么式 (4.38) 成立. 由信赖域半径的更新准则, $\delta_k \geqslant \alpha_1 \bar{\Delta}$. 从而, 推得式 (4.39). □

下面证明算法 4.2 的全局收敛性.

定理 4.5 设 $\{\boldsymbol{x}_k\}$ 由算法 4.2 产生得到, 在假设 4.1 成立的条件下, 则有 $\liminf\limits_{k\to\infty} \|\boldsymbol{g}(\boldsymbol{x}_k)\| = 0$ 成立和 $\{\boldsymbol{x}_k\}$ 的聚点是问题 (3.17) 的最优解.

证明 首先证明

$$\liminf_{k\to\infty} \|\boldsymbol{g}^\alpha(\boldsymbol{x}_k, \varepsilon_k)\| = 0. \tag{4.40}$$

采用反证法. 假设式 (4.40) 不成立. 那么存在 $\epsilon > 0$ 和 $k_0 > 0$ 使得

$$\|\boldsymbol{g}^\alpha(\boldsymbol{x}_k, \varepsilon_k)\| \geqslant \epsilon, \quad \forall\, k > k_0. \tag{4.41}$$

由 δ_k 的定义, 式 (4.35) 和 (4.39), 假设 4.1(i), 可以得到

$$\begin{aligned}
&\mathrm{Pred}_k \\
\geqslant&\frac{1}{2}\|\boldsymbol{g}^\alpha(\boldsymbol{x}_k, \varepsilon_k)\| \min\left\{\hat{\Delta}, \frac{\|\boldsymbol{g}^\alpha(\boldsymbol{x}_k, \varepsilon_k)\|}{\|\boldsymbol{B}_k\|}\right\} \\
\geqslant&\frac{1}{2}\epsilon \min\left\{\delta_k, \frac{\epsilon}{\|\boldsymbol{B}_k\|}\right\} \\
\geqslant&\frac{1}{2}\epsilon \min\left\{\bar{\delta_k}, \frac{\epsilon}{M}\right\}.
\end{aligned}$$

结合式 (4.38), 则

$$\begin{aligned}
&F^\alpha(\boldsymbol{x}_k, \varepsilon_k) - F^\alpha(\boldsymbol{x}_{k+1}, \varepsilon_{k+1}) \\
\geqslant&\rho_1 \mathrm{Pred}_k \\
\geqslant&\frac{1}{2}\rho_1 \epsilon \min\left\{\bar{\delta_k}, \frac{\epsilon}{M}\right\}, \quad \forall\, k > k_0.
\end{aligned} \tag{4.42}$$

因此,

$$\sum_{k>k_0} [F^\alpha(\boldsymbol{x}_k, \varepsilon_k) - F^\alpha(\boldsymbol{x}_{k+1}, \varepsilon_{k+1})] \geqslant \sum_{k>k_0} \left[\frac{1}{2}\rho_1 \epsilon \min\left\{\bar{\delta_k}, \frac{\epsilon}{M}\right\}\right].$$

从而, 当 $k \to \infty$ 时, $F^\alpha(\boldsymbol{x}_k, \varepsilon_k) \to \infty$. 这与假设 4.1(ii) 矛盾, 进而有式 (4.40) 成立. 由式 (1.21) 有

$$\|\boldsymbol{g}^\alpha(\boldsymbol{x}_k, \varepsilon_k) - \boldsymbol{g}(\boldsymbol{x}_k)\| \leqslant \sqrt{\frac{2\varepsilon_k}{\lambda}}.$$

结合假设 4.1(iii), 可以得到

$$\liminf_{k\to\infty} \|\boldsymbol{g}(\boldsymbol{x}_k)\| = 0 \tag{4.43}$$

成立. 不失一般性, 设 $\boldsymbol{x}^*$ 是 $\{\boldsymbol{x}_k\}$ 的一个聚点, 存在一个序列 $\{\boldsymbol{x}_k\}_K$ 满足

$$\lim_{k\in K,\, k\to\infty} \boldsymbol{x}_k = \boldsymbol{x}^*. \tag{4.44}$$

由 $F(\boldsymbol{x})$ 的性质有 $\boldsymbol{g}(\boldsymbol{x}_k) = (\boldsymbol{x}_k - \boldsymbol{p}(\boldsymbol{x}_k))/\lambda$. 那么由式 (4.43) 和 (4.44), 有 $\boldsymbol{x}^* = \boldsymbol{p}(\boldsymbol{x}^*)$ 成立. 因此, $\boldsymbol{x}^*$ 是问题 (3.17) 的最优解. □

下面给出算法 4.2 测试第 1.5 节中问题的数值结果, 其中初始点 $\boldsymbol{x}_0$ 在第 1.5 节给出. 算法使用 Matlab 测试, 算法中的参数选择如下: $\alpha_1 = 0.5$, $\alpha_2 = 4$, $\lambda = 1$, $\rho_1 = 0.45$, $\rho_2 = 0.75$, $\sigma = 0.9$, $\eta = 0.6$, $m = 5$, $\Delta_0 = 0.5$, $\Delta_{\min} = 0.01$, $\Delta_{\max} = 100$, $\varepsilon_k = 1/(\mathrm{NI}+2)^2$ (NI 是迭代次数), 和 $\boldsymbol{B}_0 = \boldsymbol{I}$ 是单位矩阵. 对于问题 $\min \theta(\boldsymbol{x})$, 使用 Matlab 中 fminsearch 函数运算得到 $\boldsymbol{p}(\boldsymbol{x})$, 由式 (1.18) 计算得到 $\boldsymbol{g}^\alpha(\boldsymbol{x}, \varepsilon)$. 为了保证式 (4.15) 中 H_k 的正定性, 采用关系式 (4.16) 更新 L-BFGS 公式.

对于表 4.1 中的前 9 个问题, 若条件满足 $\|\boldsymbol{g}^\alpha(\boldsymbol{x}, \varepsilon)\| \leqslant 10^{-6}$, 则算法终止. 对于问题 10, 使用 Himmeblau 终止准则[64], 若 $\|\boldsymbol{x}_k\| > \epsilon_2$ 和 $|F^\alpha(\boldsymbol{x}_k, \varepsilon_k)| > \epsilon_2$, 令 $\text{stop}_1 = \dfrac{\|\boldsymbol{x}_{k+1} - \boldsymbol{x}_k\|}{\|\boldsymbol{x}_k\|}$, $\text{stop}_2 = \dfrac{|F^\alpha(\boldsymbol{x}_k, \varepsilon_k) - F^\alpha(\boldsymbol{x}_{k+1}, \varepsilon_{k+1})|}{|F^\alpha(\boldsymbol{x}_k, \varepsilon_k)|}$, 否则, 令 $\text{stop}_1 = \|\boldsymbol{x}_{k+1} - \boldsymbol{x}_k\|$ 和 $\text{stop}_2 = |F^\alpha(\boldsymbol{x}_k, \varepsilon_k) - F^\alpha(\boldsymbol{x}_{k+1}, \varepsilon_{k+1})|$. 当 $\text{stop}_1 \leqslant \epsilon_1$ 或 $\text{stop}_2 \leqslant \epsilon_1$ 时, 算法终止, 其中 $\epsilon_1 = \epsilon_2 = 10^{-5}$.

信赖域子问题 (4.18) 由 Nocedal 和 Yuan[43] 的算法 2.6 计算得到近似解. 为了保证更新矩阵的正定性, 令 $\boldsymbol{H}_k = \boldsymbol{H}_k + \varepsilon_k \times \boldsymbol{I}$. 表 4.1 中各列含义如下:

Problem: 测试问题的名称. $f(\boldsymbol{x})$: 算法终止时的函数值.

NI: 算法总的迭代次数. NF: 函数值计算次数.

由表 4.1 可以看出, 算法 4.2 可以有效求解非光滑问题. 与函数的最优值相比较, 可以发现算法终止时的函数值是可以被接受的.

表 4.1 数值结果

Problem	NI	NF	$f(\boldsymbol{x})$
CB2	10	11	1.952225
CB3	2	3	2.000217
DEM	3	3	−2.999700
QL	19	119	7.200001
LQ	1	1	−1.207068
Mifflin 1	3	3	−0.9283527
Rosen-Suzuki	4	4	−43.98705
Shor	42	443	22.62826
Mxhilb	12	12	9.793119×10^{-3}
Llhilb	20	63	9.661137×10^{-3}

4.4 带有限记忆 BFGS 更新的积极集投影梯度信赖域算法

本节内容取自文 [50]. 在实践中, 许多问题, 如非线性互补问题、变分不等式问题的 KKT 条件、非线性规划问题等, 都可以表示为半光滑方程组的形式. 若 $F:\Re^n\to\Re^n$ 是半光滑的, 那么非线性系统 $F(\boldsymbol{x})=\boldsymbol{0}$ 称为半光滑方程组问题.

考虑如下带盒子约束的非光滑方程组问题:

$$F(\boldsymbol{x})=\boldsymbol{0},\quad \boldsymbol{x}\in X, \tag{4.45}$$

其中 $X=\{x\in\Re^n|l\leqslant x\leqslant\mu\},l\in\{\Re\cup\{-\infty\}\}^n,\mu\in\{\Re\cup\{\infty\}\}^n$, 函数 $F:\Re^n\supset U\to\Re^n$ 定义在包含可行域 X 的开集 U 上,并且局部 Lipschitz 连续. 令 $\theta(\boldsymbol{x})=\dfrac{1}{2}\|F(\boldsymbol{x})\|^2$, 那么问题 (4.45) 等价于全局最优化问题

$$\min_{\boldsymbol{x}\in X}\theta(\boldsymbol{x}). \tag{4.46}$$

在解 (4.45) 的算法中, 除了拟牛顿法, 大部分都要计算 $F(\boldsymbol{x})$ 的 Jacobi 矩阵. 但一般情况下, 对非光滑问题计算 $\partial F(\boldsymbol{x})$ 是很困难的. 故为了避免计算 $\partial F(\boldsymbol{x})$ 矩阵, 采用拟牛顿法是一个很好的选择. 有限记忆的拟牛顿方法是解决大型无约束优化问题较为有效的方法, 该方法对 Hessian 阵采用简单但又能够保证快速收敛率的近似矩阵取代处理, 同时仅需要很少的存储空间. 在执行步骤上这种方法和 BFGS 方法几乎相同, 唯一的不同是 Hessian 逆的近似矩阵不是由显性公式生成, 而是由少量次数的对 BFGS 拟牛顿更新得到.

受此启发, 本节将运用有限记忆 BFGS(L-BFGS) 方法的思想, 在每一步迭代过程中产生更新矩阵 $\boldsymbol{B}_k$ 来替换式 (4.45) 中的 Jacobi 矩阵 $\boldsymbol{T}_k$, 同时结合一个新的线搜索技术给出一个有效集投影信赖域算法.

这一算法不仅保留了 L-BFGS 方法的优点, 同时还有一些好的性质: 1) 保证所有的迭代点是可行的; 2) 算法产生的搜索方向可看作是梯度投影方向和信赖域方向的适当结合, 并能在满足一定条件下渐近于牛顿方向; 3) 算法子问题具有无约束信赖域子问题的形式, 因而便于使用现成的方法求解; 4) 算法子问题的维数低于原问题维数, 从而在大型计算中需要的耗费更少; 5) 在适当条件下具有全局收敛性和局部超线性收敛性质.

记矩阵 $\boldsymbol{M}=(m^{ij})\in\Re^{t\times t}$, 指标集为 $\boldsymbol{I},\boldsymbol{J}\subset\{1,2,\ldots,t\}$, $\boldsymbol{M}^{IJ}$ 代表 $\boldsymbol{M}$ 的子矩阵, 其中元素为 $m^{i,j},i\in I,j\in J$. 如果 $I=\{1,2,\ldots,t\}$ 或者 $J=\{1,2,\ldots,t\}$, 则把 $\boldsymbol{M}^{IJ}$ 简记为 $\boldsymbol{M}^{\cdot J}$ 或 $\boldsymbol{M}^{I\cdot}$. 对于一个正定矩阵 $\boldsymbol{G}$, $\|\boldsymbol{\mu}\|_{\boldsymbol{G}}$ 定义为 $(\boldsymbol{\mu}^{\mathrm{T}}\boldsymbol{G}\boldsymbol{\mu})^{\frac{1}{2}}$,$\|\cdot\|$ 代表欧几里德范数. $P_X(v)$ 代表向量 v 到 X 上的投影.

L-BFGS 方法是 BFGS 方法适用大规模计算问题的的调整. 在 L-BFGS 方法中, 矩阵 $\boldsymbol{H}_k$ 是对 Jacobi 矩阵 $\boldsymbol{T}_k^{-1}$ 在 $\boldsymbol{x}_k$ 处的近似, 由对初始矩阵 $\boldsymbol{H}_0$ 进行 $\tilde{m}(>0)$ 次的 BFGS 更新得到, 标准的 BFGS 更新方法有如下形式:

$$\boldsymbol{H}_{k+1}=\boldsymbol{V}_k^{\mathrm{T}}\boldsymbol{H}_k\boldsymbol{V}_k+\rho_k\boldsymbol{s}_k\boldsymbol{s}_k^{\mathrm{T}}, \tag{4.47}$$

其中$\boldsymbol{s}_k=\boldsymbol{x}_{k+1}-\boldsymbol{x}_k, \boldsymbol{y}_k=F(\boldsymbol{x}_{k+1})-F(\boldsymbol{x}_k), \rho_k=\dfrac{1}{\boldsymbol{s}_k^{\mathrm{T}}\boldsymbol{y}_k}, \boldsymbol{V}_k=\boldsymbol{I}-\rho_k\boldsymbol{y}_k\boldsymbol{s}_k^{\mathrm{T}}$, $\boldsymbol{I}$ 是单位矩阵. 对应地, L-BFGS 方法中 $\boldsymbol{H}_{k+1}$ 采用下式计算得到

$$
\begin{aligned}
\boldsymbol{H}_{k+1}=&\boldsymbol{V}_k^{\mathrm{T}}\boldsymbol{H}_K\boldsymbol{V}_k+\rho_k\boldsymbol{s}_k\boldsymbol{s}_k^{\mathrm{T}}\\
=&\boldsymbol{V}_k^{\mathrm{T}}[\boldsymbol{V}_{k-1}^{\mathrm{T}}\boldsymbol{H}_{k-1}\boldsymbol{V}_{k-1}+\rho_{k-1}\boldsymbol{s}_{k-1}\boldsymbol{s}_{k-1}^{\mathrm{T}}]\boldsymbol{V}_k+\rho_k\boldsymbol{s}_k\boldsymbol{s}_k^{\mathrm{T}}\\
=&\ldots\\
=&[\boldsymbol{V}_k^{\mathrm{T}}\ldots\boldsymbol{V}_{k-\widetilde{m}+1}^{\mathrm{T}}]\boldsymbol{H}_{k-\widetilde{m}+1}[\boldsymbol{V}_{k-\widetilde{m}+1}\ldots\boldsymbol{V}_k]\\
&+\rho_{k-\widetilde{m}+1}[\boldsymbol{V}_{k-1}^{\mathrm{T}}\ldots\boldsymbol{V}_{k-\widetilde{m}+2}^{\mathrm{T}}]\boldsymbol{s}_{k-\widetilde{m}+1}\boldsymbol{s}_{k-\widetilde{m}+1}^{\mathrm{T}}[\boldsymbol{V}_{k-\widetilde{m}+2}\ldots\boldsymbol{V}_{k-1}]\\
&+\ldots\\
&+\rho_k\boldsymbol{s}_k\boldsymbol{s}_k^{\mathrm{T}}.
\end{aligned}
\tag{4.48}
$$

为了保持 L-BFGS 矩阵的正定性, 一些学者提出当 $\boldsymbol{s}_k^{\mathrm{T}}\boldsymbol{y}_k>0$ 不成立时, 放弃修正 $\{\boldsymbol{s}_k,\boldsymbol{y}_k\}$. 另一种方法是由 Powell 提出的, 将 $\boldsymbol{y}_k$ 定义为

$$
\boldsymbol{y}_k=\begin{cases}\boldsymbol{y}_k, & \boldsymbol{s}_k^{\mathrm{T}}\boldsymbol{y}_k\geqslant 0.2\boldsymbol{s}_k^{\mathrm{T}}\boldsymbol{B}_k\boldsymbol{s}_k,\\ \theta_k\boldsymbol{y}_k+(1-\theta_k)\boldsymbol{B}_k\boldsymbol{s}_k, & \text{其他},\end{cases}
$$

其中 $\theta_k=\dfrac{0.8\boldsymbol{s}_k^{\mathrm{T}}\boldsymbol{B}_k\boldsymbol{s}_k}{\boldsymbol{s}_k^{\mathrm{T}}\boldsymbol{B}_k\boldsymbol{s}_k-\boldsymbol{s}_k^{\mathrm{T}}\boldsymbol{y}_k}$, $\boldsymbol{B}_k$ 是 $\boldsymbol{T}_k$ 的近似, 显然 $\boldsymbol{B}_k=\boldsymbol{H}_k^{-1}$ 成立.

首先介绍积极集估计和搜索方向, 其中积极集估计和文献 [31] 类似. 令

$$
\xi_k=\min\{\delta, c\sqrt{\|F(\boldsymbol{x}_k)\|}\},\tag{4.49}
$$

其中 δ 和 c 是正常数, 且满足

$$
0<\delta<\frac{1}{2}\min \boldsymbol{s}_{1\leqslant i\leqslant n}(\mu_i-l_i).
$$

定义指标集如下

$$
\begin{aligned}
&\boldsymbol{A}_k=\{i\in\{1,2,\ldots,n\}|x_{ki}-l_i\leqslant\xi_k\text{或}\mu_i-x_{ki}\leqslant\xi_k\},\\
&\boldsymbol{I}_k=\{1,2,\ldots,n\}\setminus\boldsymbol{A}_k=\{i|l_i+\xi_k<x_{ki}<\mu_i-\xi_k\},
\end{aligned}
\tag{4.50}
$$

其中 x_{ki} 是 $\boldsymbol{x}_k$ 的第 i 个元素. 如果 ξ_k 很小, 集合 $\boldsymbol{A}_k$ 是有效集的估计. 在合适的情况下, 当 k 充分大时,$\boldsymbol{A}_k$ 和有效集一致.

通过有效集估计, 可以推出搜索方向. 令 $\Delta > 0, \Delta_{\max} > 0$ 且 $\gamma_k > 0$, 假设 $\boldsymbol{x}_k$ 是当前迭代点, 线搜索方向 $\overline{\boldsymbol{d}}(\Delta)$ 由如下三步获得.

步 1. 投影梯度方向, 计算

$$\begin{aligned} \boldsymbol{d}_k^G(\Delta) &= -\frac{\Delta}{\Delta_{\max}}\gamma_k \nabla\theta(\boldsymbol{x}_k), \\ \overline{\boldsymbol{d}}_k^G(\Delta) &= \boldsymbol{P}_X[\boldsymbol{x}_k + \boldsymbol{d}_k^G(\Delta)] - \boldsymbol{x}_k. \end{aligned} \tag{4.51}$$

$\overline{\boldsymbol{d}}_k^G(\Delta)$ 被称为 θ 的梯度投影方向, 具有很好的性质. 特别地, 如果 $\boldsymbol{x}_k$ 是可行的, 那么 θ 在 $\boldsymbol{x}_k$ 处的方向是一个可行下降方向. 为了加快收敛速度, 提出如下投影信赖域方向.

步 2. 投影信赖域方向, 首先由积极集确定 $\boldsymbol{d}_k^{\mathrm{tr}}(\Delta)$ 中 $\boldsymbol{A}_k$ 部分的 $\widetilde{\boldsymbol{d}_k}^{\boldsymbol{A}_k}(\Delta)$, 定义子向量 $\boldsymbol{v}_k^{\boldsymbol{A}_k}$, 元素为

$$v_{ki} = \begin{cases} x_{ki} - l_i, & x_{ki} - l_i \leqslant \xi_k, \\ \mu_i - x_{ki}, & \mu_i - x_{ki} \leqslant \xi_k. \end{cases}$$

那么子向量

$$\widetilde{\boldsymbol{d}}_k^{\boldsymbol{A}_k}(\Delta) = \min\left\{1, \frac{\Delta}{\|\boldsymbol{v}_k^{\boldsymbol{A}_k}\|}\right\}\boldsymbol{v}_k^{\boldsymbol{A}_k}, \tag{4.52}$$

其中如果 $\boldsymbol{v}_k^{\boldsymbol{A}_k} = 0$, 令 $\widetilde{\boldsymbol{d}}_k^{\boldsymbol{A}_k}(\Delta) = 0$.

通过解信赖域子问题可以确定 $\boldsymbol{d}_k^{\mathrm{tr}}(\Delta)$ 的子向量 $\widetilde{\boldsymbol{d}}_k^{\boldsymbol{I}_k}(\Delta)$, 令 $\boldsymbol{T}_k \in \partial F(\boldsymbol{x}_k)$ 且分割成

$$\boldsymbol{T}_k = (\boldsymbol{T}_k^{\boldsymbol{A}_k}, \boldsymbol{T}_k^{\boldsymbol{I}_k}),$$

其中,$\boldsymbol{T}_k^{\boldsymbol{A}_k} \in \Re^{n\times|\boldsymbol{A}_k|}$, 且 $\boldsymbol{T}_k^{\boldsymbol{I}_k} \in \Re^{n\times|\boldsymbol{I}_k|}$, 令 $\widetilde{\boldsymbol{d}}_k^{\boldsymbol{I}_k}(\Delta)$ 为如下简化信赖域子问题的一个解

$$\begin{aligned} \min\quad & ((\boldsymbol{T}_k^{\boldsymbol{I}_k})^{\mathrm{T}}[F(\boldsymbol{x}_k) + \boldsymbol{T}_k^{\boldsymbol{A}_k}\widetilde{\boldsymbol{d}}_k^{\boldsymbol{A}_k}(\Delta)])^{\mathrm{T}}\boldsymbol{d} + \frac{1}{2}\boldsymbol{d}^{\mathrm{T}}(\boldsymbol{T}_k^{\boldsymbol{I}_k})^{\mathrm{T}}\boldsymbol{T}_k^{\boldsymbol{I}_k}\boldsymbol{d}, \\ \text{s.t.}\quad & \|\boldsymbol{d}\| \leqslant \Delta. \end{aligned} \tag{4.53}$$

那么信赖域的方向为

$$\boldsymbol{d}_k^{\text{tr}}(\Delta) = \begin{bmatrix} \widetilde{\boldsymbol{d}}_k^{\boldsymbol{A}_k}(\Delta) \\ \widetilde{\boldsymbol{d}}_k^{\boldsymbol{I}_k}(\Delta) \end{bmatrix} \tag{4.54}$$

投影信赖域方向为

$$\overline{\boldsymbol{d}}_k^{\text{tr}}(\Delta) = \boldsymbol{P}_{\boldsymbol{X}}[\boldsymbol{x}_k + \boldsymbol{d}_k^{\text{tr}}(\Delta)] - \boldsymbol{x}_k. \tag{4.55}$$

尽管可以加快迭代的收敛速度, 但当 $\boldsymbol{x}_k$ 和远离最优解时, 投影信赖域方向不一定会是 θ 的下降方向. 而梯度投影总是 θ 的下降方向, 在文献 [49] 中, 将这两个方向结合作为搜索方向从而保证下降性, 并且可以保持局部快速收敛性.

步 3. 搜索方向, 令

$$\overline{\boldsymbol{d}}_k(\Delta) = t_k^*(\Delta)\overline{\boldsymbol{d}}_k^G(\Delta) + (1 - t_k^*(\Delta))\overline{\boldsymbol{d}}_k^{\text{tr}}(\Delta), \tag{4.56}$$

其中 $t_k^*(\Delta) \in (0,1)$ 是如下一维二次最小值问题的一个解:

$$\min_{t\in[0,1]} \frac{1}{2}\|F(\boldsymbol{x}_k) + \boldsymbol{T}_k[t\overline{\boldsymbol{d}}_k^G(\Delta) + (1-t)\overline{\boldsymbol{d}}_k^{\text{tr}}(\Delta)]\|^2 = q_k^{\Delta}(t). \tag{4.57}$$

令

$$\nabla q_k^{\Delta}(t) = 0,$$

得到

$$t_k(\Delta) = \begin{cases} -\dfrac{[F(\boldsymbol{x}_k) + \boldsymbol{T}_k\overline{\boldsymbol{d}}_k^{\text{tr}}(\Delta)]^{\text{T}}\boldsymbol{T}_k[\overline{\boldsymbol{d}}_k^G(\Delta) - \overline{\boldsymbol{d}}_k^{\text{tr}}(\Delta)]}{\|\boldsymbol{T}_k[\overline{\boldsymbol{d}}_k^G(\Delta) - \overline{\boldsymbol{d}}_k^{\text{tr}}(\Delta)]\|^2}, \\ \qquad\qquad \boldsymbol{T}_k\overline{\boldsymbol{d}}_k^G(\Delta) \neq \boldsymbol{T}_k\overline{\boldsymbol{d}}_k^{\text{tr}}(\Delta), \\ \text{任意数} \in (-\infty, +\infty), \qquad \boldsymbol{T}_k\overline{\boldsymbol{d}}_k^G(\Delta) = \boldsymbol{T}_k\overline{\boldsymbol{d}}_k^{\text{tr}}(\Delta). \end{cases} \tag{4.58}$$

由 $t_k(\Delta)$ 的定义不难得到下面的引理.

引理 4.6 令 $\boldsymbol{x}_k \in \boldsymbol{X}$, 那么式 (4.57) 的解为

$$t_k^*(\Delta) = \max\{0, \min\{1, t_k(\Delta)\},\}, \tag{4.59}$$

其中 $t_k(\Delta)$ 由式 (4.58) 定义.

令 $\boldsymbol{B}_k$ 为 $\boldsymbol{H}_k$ 的逆, 下面三步给出新的搜索方向 $\overline{\boldsymbol{d}}_*(\Delta)$.

步 1. 投影方向, 计算

$$\begin{aligned}\boldsymbol{d}_{*k}^{G}(\Delta) &= -\frac{\Delta}{\Delta_{\max}}\gamma_k \boldsymbol{B}_k^{\mathrm{T}} F(\boldsymbol{x}_k),\\ \overline{\boldsymbol{d}}_{*k}^{G}(\Delta) &= P_{\boldsymbol{X}}[\boldsymbol{x}_k + \boldsymbol{d}_{*k}^{G}(\Delta)] - \boldsymbol{x}_k,\end{aligned} \tag{4.60}$$

步 2. 投影信赖域方向, 首先确定 $\boldsymbol{d}_{*k}^{\mathrm{tr}}(\Delta)$ 的前 $\boldsymbol{A}_k$ 部分 $\tilde{\boldsymbol{d}_{*k}}^{\boldsymbol{A}_k}(\Delta)$. 定义子向量 $\boldsymbol{v}_k^{\boldsymbol{A}_k}$, 其中元素为

$$v_{ki} = \begin{cases} x_{ki} - l_i, & x_{ki} - l_i \leqslant \xi_k, \\ \mu_i - x_{ki}, & \mu_i - x_{ki} \leqslant \xi_k, \end{cases}$$

那么子向量为

$$\boldsymbol{d}_{*k}^{\boldsymbol{A}_k}(\Delta) = \min\left\{1, \frac{\Delta}{\|\boldsymbol{v}_k^{\boldsymbol{A}_k}\|}\right\}\boldsymbol{v}_k^{\boldsymbol{A}_k}, \tag{4.61}$$

如果 $\boldsymbol{v}_k^{\boldsymbol{A}_k} = 0$, 令 $\tilde{\boldsymbol{d}_{*k}}^{\boldsymbol{A}_k}(\Delta) = 0$

通过解简化的信赖域子问题来确定 $\boldsymbol{d}_{*k}^{\mathrm{tr}}(\Delta)$ 子向量 $\widetilde{\boldsymbol{d}}_{*k}^{\boldsymbol{I}_k}(\Delta)$, 把 $\boldsymbol{B}_k$ 分解为

$$\boldsymbol{B}_k = (\boldsymbol{B}_k^{\boldsymbol{A}_k}, \boldsymbol{B}_k^{\boldsymbol{I}_k}),$$

其中 $\boldsymbol{B}_k^{\boldsymbol{A}_k} \in \Re^{n\times|\boldsymbol{A}_k|}, \boldsymbol{B}_k^{\boldsymbol{I}_k} \in \Re^{n\times|\boldsymbol{I}_k|}$. 令 $\widetilde{\boldsymbol{d}}_{*k}^{\boldsymbol{I}_k}(\Delta)$ 是如下简化信赖域子问题的解,

$$\begin{aligned}\min \quad & ((\boldsymbol{B}_k^{\boldsymbol{I}_k})^{\mathrm{T}}[F(\boldsymbol{x}_k) + \boldsymbol{B}_k^{\boldsymbol{A}_k}\widetilde{\boldsymbol{d}}_{*k}^{\boldsymbol{A}_k}(\Delta)])^{\mathrm{T}}\boldsymbol{d} + \frac{1}{2}\boldsymbol{d}^{\mathrm{T}}(\boldsymbol{B}_k^{\boldsymbol{I}_k})^{\mathrm{T}}\boldsymbol{B}_k^{\boldsymbol{I}_k}\boldsymbol{d}\\ \text{s.t.} \quad & \|\boldsymbol{d}\| \leqslant \Delta.\end{aligned} \tag{4.62}$$

那么信赖域的方向为

$$\boldsymbol{d}_{*k}^{\mathrm{tr}}(\Delta) = \begin{bmatrix} \widetilde{\boldsymbol{d}}_{*k}^{\boldsymbol{A}_k}(\Delta) \\ \widetilde{\boldsymbol{d}}_{*k}^{\boldsymbol{I}_k}(\Delta). \end{bmatrix} \tag{4.63}$$

投影信赖域方向为

$$\overline{\boldsymbol{d}}_{*k}^{\mathrm{tr}}(\Delta)=P_{\boldsymbol{X}}[\boldsymbol{x}_k+\boldsymbol{d}_{*k}^{\mathrm{tr}}(\Delta)]-\boldsymbol{x}_k. \tag{4.64}$$

步 3. 搜索方向, 令

$$\overline{\boldsymbol{d}}_{*k}(\Delta)=t_{*k}^*(\Delta)\overline{\boldsymbol{d}}_{*k}^{G}(\Delta)+(1-t_{*k}^*(\Delta))\overline{\boldsymbol{d}}_{*k}^{\mathrm{tr}}(\Delta), \tag{4.65}$$

其中 $t_{*k}^*(\Delta)\in(0,1)$ 是如下一维二次最小值问题的一个解:

$$\min_{t\in[0,1]}\frac{1}{2}\|F(\boldsymbol{x}_k)+\boldsymbol{B}_k[t\overline{\boldsymbol{d}}_{*k}^{G}(\Delta)+(1-t)\overline{\boldsymbol{d}}_{*k}^{\mathrm{tr}}(\Delta)]\|^2=q_{*k}^{\Delta}(t). \tag{4.66}$$

令

$$\nabla q_{*k}^{\Delta}(t)=0,$$

得到

$$t_{*k}(\Delta)=\begin{cases}-\dfrac{[F(\boldsymbol{x}_k)+\boldsymbol{B}_k\overline{\boldsymbol{d}}_{*k}^{\mathrm{tr}}(\Delta)]^{\mathrm{T}}\boldsymbol{B}_k[\overline{\boldsymbol{d}}_{*k}^{G}(\Delta)-\overline{\boldsymbol{d}}_{*k}^{\mathrm{tr}}(\Delta)]}{\|\boldsymbol{B}_k[\overline{\boldsymbol{d}}_{*k}^{G}(\Delta)-\overline{\boldsymbol{d}}_{*k}^{\mathrm{tr}}(\Delta)]\|^2}, \\ \qquad\qquad\qquad\qquad \boldsymbol{B}_k\overline{\boldsymbol{d}}_{*k}^{G}(\Delta)\neq\boldsymbol{B}_k\overline{\boldsymbol{d}}_{*k}^{\mathrm{tr}}(\Delta),\\ \text{任意数}\in(-\infty,+\infty), \qquad \boldsymbol{B}_k\overline{\boldsymbol{d}}_{*k}^{G}(\Delta)=\boldsymbol{B}_k\overline{\boldsymbol{d}}_{*k}^{\mathrm{tr}}(\Delta)\end{cases} \tag{4.67}$$

由 $t_k(\Delta)$ 的定义不难得到下面的引理.

引理 4.7 令 $\boldsymbol{x}_k\in X$, 那么式 (4.66) 的解为

$$t_{*k}^*(\Delta)=\max\{0,\min\{1,t_{*k}(\Delta)\}\}, \tag{4.68}$$

其中 $t_{*k}(\Delta)$ 由式 (4.67) 定义.

另外定义

$$\theta(\boldsymbol{x}_k)-\frac{1}{2}\|F(\boldsymbol{x}_k)+\boldsymbol{B}_k\overline{\boldsymbol{d}}_{*k}(\widehat{\Delta})\|^2\geqslant-\sigma F(\boldsymbol{x}_k)^{\mathrm{T}}\boldsymbol{B}_k\overline{\boldsymbol{d}}_{*k}^{G}(\widehat{\Delta}). \tag{4.69}$$

基于上面的讨论, 给出 L-BFGS 更新的投影信赖域算法如下.

算法 4.3(L-BFGS 更新的投影信赖域算法)

步 1. 初始化. 给定 $\boldsymbol{x}_0 \in X$, 对称正定矩阵 $\boldsymbol{H}_0$, 令 $\boldsymbol{B}_0 = \boldsymbol{H}_0^{-1}$,$\sigma \in (0,1)$,

$\eta \in (0,1), 0 < \alpha_1 < 1 < \alpha_2, 0 < \rho_1 < \rho_2 < 1, \Delta_{\max} > \Delta_{\min} > 0$,

$c > 0, \Delta_0 > 0, 0 < \delta < \frac{1}{2} \min \boldsymbol{s}_{1 \leqslant i \leqslant n}(\mu_i - l_i)$ 及正整数 m, 令 $k := 0$.

步 2. 终止准则. 如果 $\boldsymbol{x}_k$ 是问题 (4.46) 的驻点则停止; 否则, 令

$$\Delta_k = \min\{\Delta_{\max}, \max\{\Delta_{\min}, \Delta_k\}\}, \widehat{\Delta} = \Delta_k.$$

步 3. 积极集估计. 由式 (4.49) 和 (4.50) 确定指标集 $\boldsymbol{A}_k$ 和 $\boldsymbol{I}_k$.

步 4. 信赖域子问题. 令

$$\boldsymbol{d}_{*k}^{\mathrm{tr}}(\widehat{\Delta}) = \begin{pmatrix} \widetilde{\boldsymbol{d}}_{*k}^{\boldsymbol{A}_k}(\widehat{\Delta}) \\ \widetilde{\boldsymbol{d}}_{*k}^{\boldsymbol{I}_k}(\widehat{\Delta}) \end{pmatrix},$$

其中 $\widetilde{\boldsymbol{d}}_{*k}^{\boldsymbol{A}_k}(\widehat{\Delta})$ 和 $\widetilde{\boldsymbol{d}}_{*k}^{\boldsymbol{I}_k}(\widehat{\Delta})$ 由式 (4.61) 和 (4.62) 给出.

步 5. 搜索方向. 令

$$\gamma_k = \min\left\{1, \frac{\Delta_{\max}}{\|\boldsymbol{B}_k F(\boldsymbol{x}_k)\|}, \eta\frac{\|\boldsymbol{F}(\boldsymbol{x}_k)\|}{\|\boldsymbol{B}_k F(\boldsymbol{x}_k)\|}, \frac{\eta\theta(\boldsymbol{x}_k)}{\boldsymbol{B}_k F(\boldsymbol{x}_k)\|^2}\right\}. \tag{4.70}$$

由式 (4.60), 式 (4.64) 和式 (4.68) 计算 $\overline{\boldsymbol{d}}_{*k}^{G}(\widehat{\Delta}), \overline{\boldsymbol{d}}_{*k}^{\mathrm{tr}}(\widehat{\Delta})$ 和 $t_{*k}^{*}(\widehat{\Delta})$. 令

$$\overline{\boldsymbol{d}}_{*k}(\widehat{\Delta}) = t_{*k}^{*}(\widehat{\Delta})\overline{\boldsymbol{d}}_{*k}^{G}(\widehat{\Delta}) + (1 - t_{*k}^{*}(\widehat{\Delta}))\overline{\boldsymbol{d}}_{*k}^{\mathrm{tr}}(\widehat{\Delta}). \tag{4.71}$$

步 6. 检验搜索方向.

计算

$$\widehat{r}_{*k} = \frac{\theta(\boldsymbol{x}_k + \overline{\boldsymbol{d}}_{*k}(\widehat{\Delta})) - \theta(\boldsymbol{x}_k)}{\dfrac{1}{2}\|\boldsymbol{F}(\boldsymbol{x}_k) + \boldsymbol{B}_k\overline{\boldsymbol{d}}_{*k}(\widehat{\Delta})\|^2 - \theta(\boldsymbol{x}_k)}. \tag{4.72}$$

如果 (4.69) 和

$$\widehat{r}_{*k} \geqslant \rho_1 \tag{4.73}$$

成立, 令

$$\boldsymbol{s}_k = \overline{\boldsymbol{d}}_{*k}(\widehat{\Delta}), \quad \boldsymbol{x}_{k+1} = \boldsymbol{x}_k + \boldsymbol{s}_k, \quad \delta_k = \widehat{\Delta},$$

且

$$\Delta_{k+1}=\begin{cases}\widehat{\Delta}, & \rho_1 \leqslant \widehat{r}_{*k} < \rho_2, \\ \alpha_2\widehat{\Delta}, & \widehat{r}_{*k} \geqslant \rho_2.\end{cases} \tag{4.74}$$

令 $\widehat{m}=\min\{k+1, m\}$, 由式 (4.48) 更新矩阵 $\boldsymbol{H}_0 \widehat{m}$ 次得到 $\boldsymbol{H}_{k+1}$, $\boldsymbol{B}_{k+1}=\boldsymbol{H}_{k+1}^{-1}$. 令 $k:=k+1$, 返回至步 2; 否则, 令 $\widehat{\Delta}=\alpha_1\widehat{\Delta}$, 返回至步 4.

下面证明算法是全局收敛的.

如果点 $\boldsymbol{x}$ 满足下列条件, 则称 $\boldsymbol{x}$ 是问题 (4.46) 的驻点: 对 $1 \leqslant i \leqslant n$ 有

$$\begin{aligned}\boldsymbol{x}_i=l_i &\Rightarrow (\nabla\theta(\boldsymbol{x}))_i \geqslant 0, \\ \boldsymbol{x}_i=\mu_i &\Rightarrow (\nabla\theta(\boldsymbol{x}))_i \leqslant 0, \\ \boldsymbol{x}_i \in (l_i,\mu_i) &\Rightarrow (\nabla\theta(\boldsymbol{x}))_i = 0,\end{aligned} \tag{4.75}$$

对于在什么情况下可以保证一个驻点是问题 (4.45) 的解, 可以参考文献 [14, 15]. 下面将证明在合适的条件下, 由算法 4.3 产生的序列收敛至等价最小问题 (4.46) 的一个驻点. 为了得到算法 4.3 的全局收敛性, 需要如下假设.

假设 4.2 (i) 函数 $F:\Re^n \supset U \to \Re^n$ 定义在包含可行集 X 的开集 $\boldsymbol{U}$ 上, 且局部 Lipschitz 连续, 其中 $X=\{x\in\Re^n | l \leqslant x \leqslant \mu\}, l \in \{\Re \cup \{-\infty\}\}^n, \mu \in \{\Re \cup \{\infty\}\}^n$.

(ii) 序列 $\{\boldsymbol{B}_k\}$ 和 $\{\boldsymbol{T}_k\}$ 是有界的, 即存在正常数 M 和 M^* 满足

$$\|\boldsymbol{B}_k\| \leqslant M, \quad \|\boldsymbol{T}_k\| \leqslant M^*, \quad \forall k. \tag{4.76}$$

(iii) $F(\boldsymbol{x}_k)$ 和 $\overline{\boldsymbol{d}}_{*k}(\Delta)$ 有相同阶数, 即

$$\|(\boldsymbol{T}_k-\boldsymbol{B}_k)^{\mathrm{T}}F(\boldsymbol{x}_k)\| \leqslant \frac{1}{\gamma_k}\|\overline{\boldsymbol{d}}_{*k}(\Delta)\|, \tag{4.77}$$

其中 γ_k 是由式 (4.70) 定义.

由 $\overline{\boldsymbol{d}}_{*k}(\Delta)$ 和 γ_k 的定义, 可以得到 $\|F(\boldsymbol{x}_k)\|=O(\|\overline{\boldsymbol{d}}_{*k}(\Delta)\|)$, 且 $\dfrac{1}{\gamma_k} \geqslant 1$, 那么可以推出假设 4.2 (iii) 是合理的.

如下两个引理给出了投影算子 $P_X(\cdot)$ 一些有用的性质.

引理 4.8　(i) $\forall \boldsymbol{x} \in X, [P_X(\boldsymbol{z}) - \boldsymbol{z}]^{\mathrm{T}}[P_X(\boldsymbol{z}) - \boldsymbol{x}] \leqslant 0$, 对所有的任意的 $\boldsymbol{z} \in \Re^n$ 成立; (ii) $\forall \boldsymbol{x}, \boldsymbol{y} \in \Re^n$, $\|P_X(\boldsymbol{y}) - P_X(\boldsymbol{x})\| \leqslant \|\boldsymbol{y} - \boldsymbol{x}\|$.

引理 4.9　给定 $\boldsymbol{x} \in \Re^n$ 和 $\boldsymbol{d} \in \Re^n$, 定义函数 ξ 为

$$\xi(\lambda) = \frac{\|P_X(\boldsymbol{x} + \lambda \boldsymbol{d}) - \boldsymbol{x}\|}{\lambda}, \quad \lambda > 0,$$

则 ξ 非增.

引理 4.10　设假设 4.2(iii) 成立, 则对所有的 $\Delta \in (0, \Delta_{\max}]$, 有

$$\nabla \theta(\boldsymbol{x}_k)^{\mathrm{T}} \overline{\boldsymbol{d}}_{*k}^{G}(\Delta) \leqslant -\frac{(\Delta_{\max} - \Delta)\Delta}{\Delta_{\max}^2 \gamma_k} \|\overline{\boldsymbol{d}}_{*k}^{G}(\Delta_{\max})\|^2. \tag{4.78}$$

证明　由引理 4.8 和假设 4.2(ii), $\forall \Delta \in (0, \Delta_{\max}]$, 有

$$\begin{aligned}
&\nabla \theta(\boldsymbol{x}_k)^{\mathrm{T}} \overline{\boldsymbol{d}}_{*k}^{G}(\Delta) \\
&= F(\boldsymbol{x}_k)^{\mathrm{T}} \boldsymbol{T}_k \overline{\boldsymbol{d}}_{*k}^{G}(\Delta) - F(\boldsymbol{x}_k)^{\mathrm{T}} \boldsymbol{B}_k \overline{\boldsymbol{d}}_{*k}^{G}(\Delta) + F(\boldsymbol{x}_k)^{\mathrm{T}} \boldsymbol{B}_k \overline{\boldsymbol{d}}_{*k}^{G}(\Delta) \\
&\leqslant \frac{1}{\gamma_k} \|\overline{\boldsymbol{d}}_{*k}^{G}(\Delta)\|^2 + \frac{\Delta_{\max}}{\Delta \gamma_k} \left\{ \boldsymbol{x}_k - \left[\boldsymbol{x}_k - \frac{\Delta \gamma_k}{\Delta_{\max}} \boldsymbol{B}_k^{\mathrm{T}} F(\boldsymbol{x}_k) \right] \right\}^{\mathrm{T}} \\
&\quad \cdot \left\{ P_X \left[\boldsymbol{x}_k - \frac{\Delta \gamma_k}{\Delta_{\max}} \boldsymbol{B}_k^{\mathrm{T}} F(\boldsymbol{x}_k) \right] - \boldsymbol{x}_k \right\} \\
&= \frac{1}{\gamma_k} \|\overline{\boldsymbol{d}}_{*k}^{G}(\Delta)\|^2 + \frac{\Delta_{\max}}{\Delta \gamma_k} \left\{ \boldsymbol{x}_k - P_X \left[\boldsymbol{x}_k - \frac{\Delta \gamma_k}{\Delta_{\max}} \boldsymbol{B}_k^{\mathrm{T}} F(\boldsymbol{x}_k) \right] \right. \\
&\quad \left. + P_X \left[\boldsymbol{x}_k - \frac{\Delta \gamma_k}{\Delta_{\max}} \boldsymbol{B}_k^{\mathrm{T}} F(\boldsymbol{x}_k) \right] - \left[\boldsymbol{x}_k - \frac{\Delta \gamma_k}{\Delta_{\max}} \boldsymbol{B}_k^{\mathrm{T}} F(\boldsymbol{x}_k) \right] \right\}^{\mathrm{T}} \\
&\quad \cdot \left\{ P_X \left[\boldsymbol{x}_k - \frac{\Delta \gamma_k}{\Delta_{\max}} \boldsymbol{B}_k^{\mathrm{T}} F(\boldsymbol{x}_k) \right] - \boldsymbol{x}_k \right\} \\
&= \frac{1}{\gamma_k} \|\overline{\boldsymbol{d}}_{*k}^{G}(\Delta)\|^2 + \frac{\Delta_{\max}}{\Delta \gamma_k} \left\{ \boldsymbol{x}_k - P_X \left[\boldsymbol{x}_k - \frac{\Delta \gamma_k}{\Delta_{\max}} \boldsymbol{B}_k^{\mathrm{T}} F(\boldsymbol{x}_k) \right] \right\}^{\mathrm{T}} \\
&\quad \cdot \left\{ P_X \left[\boldsymbol{x}_k - \frac{\Delta \gamma_k}{\Delta_{\max}} \boldsymbol{B}_k^{\mathrm{T}} F(\boldsymbol{x}_k) \right] - \boldsymbol{x}_k \right\} \\
&\quad + \frac{\Delta_{\max} \gamma_k}{\Delta} \left\{ P_X \left[\boldsymbol{x}_k - \frac{\Delta \gamma_k}{\Delta_{\max}} \boldsymbol{B}_k^{\mathrm{T}} F(\boldsymbol{x}_k) \right] \right. \\
&\quad \left. - \left[\boldsymbol{x}_k - \frac{\Delta \gamma_k}{\Delta_{\max}} \boldsymbol{B}_k^{\mathrm{T}} F(\boldsymbol{x}_k) \right] \right\}^{\mathrm{T}} \left\{ P_X \left[\boldsymbol{x}_k - \frac{\Delta \gamma_k}{\Delta_{\max}} \boldsymbol{B}_k^{\mathrm{T}} F(\boldsymbol{x}_k) \right] - \boldsymbol{x}_k \right\}
\end{aligned}$$

$$\begin{aligned}&\leqslant \frac{1}{\gamma_k}\|\overline{\boldsymbol{d}}_{*k}^G(\Delta)\|^2+\frac{\Delta_{\max}}{\Delta\gamma_k}\left\{\boldsymbol{x}_k-P_X\left[\boldsymbol{x}_k-\frac{\Delta\gamma_k}{\Delta_{\max}}\boldsymbol{B}_k^{\mathrm{T}}F(\boldsymbol{x}_k)\right]\right\}^{\mathrm{T}}\\&\quad\cdot\left\{P_X\left[\boldsymbol{x}_k-\frac{\Delta\gamma_k}{\Delta_{\max}}\boldsymbol{B}_k^{\mathrm{T}}F(\boldsymbol{x}_k)\right]-\boldsymbol{x}_k\right\}\\&=\frac{1}{\gamma_k}\|\overline{\boldsymbol{d}}_{*k}^G(\Delta)\|^2-\frac{\Delta_{\max}}{\Delta\gamma_k}\|\overline{\boldsymbol{d}}_{*k}^G(\Delta)\|^2\\&=-\frac{\Delta_{\max}-\Delta}{\Delta\gamma_k}\|\overline{\boldsymbol{d}}_{*k}^G(\Delta)\|^2.\end{aligned}\tag{4.79}$$

由引理 4.9, 可得

$$\begin{aligned}\frac{\|\overline{\boldsymbol{d}}_{*k}^G(\Delta)\|}{\Delta}&=\frac{\|P_X[\boldsymbol{x}_k-\frac{\Delta\gamma_k}{\Delta_{\max}}\boldsymbol{B}_k^{\mathrm{T}}F(\boldsymbol{x}_k)]-\boldsymbol{x}_k\|}{\Delta}\\&\geqslant\frac{\|P_X[\boldsymbol{x}_k-\gamma_k\boldsymbol{B}_k^{\mathrm{T}}F(\boldsymbol{x}_k)]-\boldsymbol{x}_k\|}{\Delta_{\max}}\\&=\frac{\|\overline{\boldsymbol{d}}_{*k}^G(\Delta_{\max})\|}{\Delta_{\max}}.\end{aligned}$$

结合式 (4.79) 可以得到式 (4.78). □

从上面引理证明的过程中不难得到

$$F(\boldsymbol{x}_k)^{\mathrm{T}}\boldsymbol{B}_k\overline{\boldsymbol{d}}_{*k}^G(\Delta)\leqslant-\frac{\Delta}{\Delta_{\max}\gamma_k}\|\overline{\boldsymbol{d}}_{*k}^G(\Delta_{\max})\|^2.\tag{4.80}$$

引理 4.11 设假设 4.2 成立,$\{\boldsymbol{x}_k\}$ 由算法 4.3 产生. 如果 $\boldsymbol{x}_k$ 不是问题 4.46 的驻点, 那么算法在步 4 和步 6 之间将会在有限次循环之后终止.

证明 由文献 [49] 中引理 4.4, 如果 $\boldsymbol{x}_k$ 不是驻点, 表明 $\gamma_k>0$, 而且存在一个常数 $b_0>0$ 满足

$$\|\boldsymbol{d}_k^G(\Delta)\|\geqslant b_0>0.\tag{4.81}$$

由引理 4.8 和假设 4.2(ii), 得到

$$\begin{aligned}\|\overline{\boldsymbol{d}}_{*k}^G(\Delta)\|&=\left\|P_X\left[\boldsymbol{x}_k-\frac{\Delta}{\Delta_{\max}}\gamma_k\boldsymbol{B}_k^{\mathrm{T}}F(\boldsymbol{x}_k)\right]-\boldsymbol{x}_k\right\|\\&=\left\|P_X\left[\boldsymbol{x}_k-\frac{\Delta}{\Delta_{\max}}\gamma_k\nabla\theta(\boldsymbol{x}_k)+\frac{\Delta}{\Delta_{\max}}\gamma_k\nabla\theta(\boldsymbol{x}_k)\right.\right.\end{aligned}$$

$$
\begin{aligned}
&- \frac{\Delta}{\Delta_{\max}}\gamma_k \boldsymbol{B}_k^{\mathrm{T}} F(\boldsymbol{x}_k)\Big] - \boldsymbol{x}_k\Big\| \\
&\geqslant \left\| P_X\left[\boldsymbol{x}_k - \frac{\Delta}{\Delta_{\max}}\gamma_k \nabla\theta(\boldsymbol{x}_k)\right] - \boldsymbol{x}_k\right\| \\
&- \left\| P_X\left[\frac{\Delta}{\Delta_{\max}}\gamma_k \nabla\theta(\boldsymbol{x}_k) - \frac{\Delta}{\Delta_{\max}}\gamma_k \boldsymbol{B}_k^{\mathrm{T}} F(\boldsymbol{x}_k)\right]\right\| \\
&\geqslant \|\boldsymbol{d}_k^G(\Delta)\| - \frac{\Delta}{\Delta_{\max}}\gamma_k \|(\boldsymbol{T}_k - \boldsymbol{B}_k)^{\mathrm{T}} F(\boldsymbol{x}_k)\| \\
&\geqslant \|\boldsymbol{d}_k^G(\Delta)\| - \frac{\Delta}{\Delta_{\max}}\|\overline{\boldsymbol{d}}_{*k}^G(\Delta)\|,
\end{aligned}
$$

则有

$$
\left(1 + \frac{\Delta}{\Delta_{\max}}\right)\|\overline{\boldsymbol{d}}_{*k}^G(\Delta)\| \geqslant \|\boldsymbol{d}_k^G(\Delta)\| \geqslant b_0 > 0.
$$

和上面讨论的类似, 不难推出存在一个正常数 b 满足

$$
\|\overline{\boldsymbol{d}}_{*k}^G(\Delta_{\max})\| \geqslant b > 0.
$$

由假设 4.2(i), 引理 (4.8) 和式 (4.46), 可以推断存在一个常数 $b_1 > 0$ 满足

$$
\|\boldsymbol{B}_k \overline{\boldsymbol{d}}_{*k}^G(\widehat{\Delta})\|^2 = \frac{1}{2} \leqslant \frac{\widehat{\Delta}}{\Delta_{\max}}\gamma_k \|\boldsymbol{B}_k\|\|\boldsymbol{B}_k^{\mathrm{T}} F(\boldsymbol{x}_k)\| \leqslant b_1\widehat{\Delta}. \tag{4.82}
$$

记 $\widehat{\Delta} = \min\left\{\Delta_{\max}, \dfrac{(1-\sigma)b^2}{b_1^2\Delta_{\max}}\right\}$. 由 $\overline{\boldsymbol{d}}_{*k}(\widehat{\Delta})$ 的定义, $\forall \widehat{\Delta} \in (0, \widetilde{\Delta}]$, 有

$$
\begin{aligned}
&\theta(\boldsymbol{x}_k) - \frac{1}{2}\|F(\boldsymbol{x}_k) + \boldsymbol{B}_k \overline{\boldsymbol{d}}_{*k}(\widehat{\Delta})\|^2 \\
\geqslant& \theta(\boldsymbol{x}_k) - \frac{1}{2}\|F(\boldsymbol{x}_k) + \boldsymbol{B}_k \overline{\boldsymbol{d}}_{*k}^G(\widehat{\Delta})\|^2 \\
=& -F(\boldsymbol{x}_k)^{\mathrm{T}} \boldsymbol{B}_k \overline{\boldsymbol{d}}_{*k}^G(\widehat{\Delta}) - \frac{1}{2}\|\boldsymbol{B}_k \overline{\boldsymbol{d}}_{*k}^G(\widehat{\Delta})\|^2 \\
=& -\sigma F(\boldsymbol{x}_k)^{\mathrm{T}} \boldsymbol{B}_k \overline{\boldsymbol{d}}_{*k}^G(\widehat{\Delta}) - (1-\sigma) F(\boldsymbol{x}_k)^{\mathrm{T}} \boldsymbol{B}_k \overline{\boldsymbol{d}}_{*k}^G(\widehat{\Delta}) \\
&- \frac{1}{2}\|\boldsymbol{B}_k \overline{\boldsymbol{d}}_{*k}^G(\widehat{\Delta})\|^2 \\
\geqslant& -\sigma F(\boldsymbol{x}_k)^{\mathrm{T}} \boldsymbol{B}_k \overline{\boldsymbol{d}}_{*k}^G(\widehat{\Delta}) + (1-\sigma)\frac{\|\overline{\boldsymbol{d}}_{*k}^G(\Delta_{\max})\|^2\widehat{\Delta}}{\gamma_k\Delta_{\max}} - \frac{1}{2}b_1^2\widehat{\Delta}^2 \\
\geqslant& -\sigma F(\boldsymbol{x}_k)^{\mathrm{T}} \boldsymbol{B}_k \overline{\boldsymbol{d}}_{*k}^G(\widehat{\Delta}),
\end{aligned} \tag{4.83}
$$

其中第二个不等式由式 (4.80) 和式 (4.82) 得到, 且 $\widehat{\Delta} \leqslant \widetilde{\Delta}$ 和 $0 < \gamma \leqslant 1$ 得到最后一个不等式. 这表明对所有充分小的 $\widetilde{\Delta}$, (4.69) 成立. 为了完成证明, 需要证明对所有充分小的 $\widetilde{\Delta}$ 有式 (4.73) 成立.

由引理 4.10 和式 (4.80), 对任意 $\widehat{\Delta} \in (0, \widetilde{\Delta}]$ 得到

$$\begin{aligned}
&\frac{1}{2}\|F(\boldsymbol{x}_k) + \boldsymbol{B}_k\overline{\boldsymbol{d}}_{*k}^G(\widehat{\Delta})\|^2 \\
=&\frac{1}{2}\|F(\boldsymbol{x}_k)\|^2 + F(\boldsymbol{x}_k)^{\mathrm{T}}\boldsymbol{B}_k\overline{\boldsymbol{d}}_{*k}^G(\widehat{\Delta}) + \frac{1}{2}\|\boldsymbol{B}_k\overline{\boldsymbol{d}}_{*k}^G(\widehat{\Delta})\|^2 \\
\leqslant&\theta(\boldsymbol{x}_k) - \frac{\widehat{\Delta}}{\gamma_k\Delta_{\max}}\|\overline{\boldsymbol{d}}_{*k}^G(\Delta_{\max})\|^2 + \frac{1}{2}b_1^2\widehat{\Delta}^2 \\
\leqslant&\theta(\boldsymbol{x}_k) - \frac{\widehat{\Delta}}{2\gamma_k\Delta_{\max}}\|\overline{\boldsymbol{d}}_{*k}^G(\Delta_{\max})\|^2,
\end{aligned}\tag{4.84}$$

则可以得到

$$\begin{aligned}
\frac{1}{2}\|F(\boldsymbol{x}_k) + \boldsymbol{B}_k\overline{\boldsymbol{d}}_{*k}(\widehat{\Delta})\|^2 - \theta(\boldsymbol{x}_k) &\leqslant \frac{1}{2}\|F(\boldsymbol{x}_k) + \boldsymbol{B}_k\overline{\boldsymbol{d}}_{*k}^G(\widehat{\Delta})\|^2 - \theta(\boldsymbol{x}_k) \\
&\leqslant -\frac{\widehat{\Delta}}{2\gamma_k\Delta_{\max}}\|\overline{\boldsymbol{d}}_{*k}^G(\Delta_{\max})\|^2 \\
&< 0,
\end{aligned}\tag{4.85}$$

第一个不等式由式 (4.65) 和 (4.66) 得到. 结合 $\|\overline{\boldsymbol{d}}_{*k}^G(\Delta_{\max})\| \geqslant b$, 不等式 (4.78) 意味着存在一个常数 $\beta > 0$ 满足

$$\theta(\boldsymbol{x}_k) - \frac{1}{2}\|F(\boldsymbol{x}_k) + \boldsymbol{B}_k\overline{\boldsymbol{d}}_{*k}(\widehat{\Delta})\|^2 \geqslant \beta\widehat{\Delta}. \tag{4.86}$$

假设在步 4 和步 6 之间是无限循环, 这意味着 $\widehat{\Delta} \to 0$ 成立.

注意到

$$\begin{gathered}
\|\overline{\boldsymbol{d}}_{*k}^G(\widehat{\Delta})\| \leqslant \widehat{\Delta}, \\
\|\overline{\boldsymbol{d}}_{*k}^{\mathrm{tr}}(\widehat{\Delta})\| \leqslant \|\boldsymbol{d}_{*k}^{\mathrm{tr}}(\widehat{\Delta})\| \leqslant \|\widetilde{\boldsymbol{d}}_{*k}^{\boldsymbol{A}_k}(\widehat{\Delta})\| + \|\widetilde{\boldsymbol{d}}_{*k}^{\boldsymbol{I}_k}(\widehat{\Delta})\| \leqslant 2\widehat{\Delta},
\end{gathered}\tag{4.87}$$

其中第一个不等式由式 (4.60) 和式 (4.70) 得到, 第二个不等式由式 (4.64) 得到, 最后一个不等式由式 (4.61) 和式 (4.62) 得到. 那么由式 (4.71) 有

$$\|\widetilde{\boldsymbol{d}}_{*k}(\widehat{\Delta})\| \leqslant 2\widehat{\Delta}. \tag{4.88}$$

由 $\widehat{r}_{*k}$ 的定义有

$$\begin{aligned}
\widehat{r}_{*k} &= \frac{\theta(\boldsymbol{x}_k+\overline{\boldsymbol{d}}_{*k}(\widehat{\Delta}))-\theta(\boldsymbol{x}_k)}{\frac{1}{2}\|F(\boldsymbol{x}_k)+\boldsymbol{B}_k\overline{\boldsymbol{d}}_{*k}(\widehat{\Delta})\|^2-\theta(\boldsymbol{x}_k)} \\
&= 1+\frac{\theta(\boldsymbol{x}_k+\overline{\boldsymbol{d}}_{*k}(\widehat{\Delta}))-\frac{1}{2}\|F(\boldsymbol{x}_k)+\boldsymbol{B}_k\overline{\boldsymbol{d}}_{*k}(\widehat{\Delta})\|^2}{\frac{1}{2}\|F(\boldsymbol{x}_k)+\boldsymbol{B}_k\overline{\boldsymbol{d}}_{*k}(\widehat{\Delta})\|^2-\theta(\boldsymbol{x}_k)} \\
&= 1+\frac{\theta(\boldsymbol{x}_k+\overline{\boldsymbol{d}}_{*k}(\widehat{\Delta}))-\theta(\boldsymbol{x}_k)-F(\boldsymbol{x}_k)^{\mathrm{T}}\boldsymbol{B}_k\overline{\boldsymbol{d}}_{*k}(\widehat{\Delta})-\frac{1}{2}\overline{\boldsymbol{d}}_{*k}(\widehat{\Delta})^{\mathrm{T}}\boldsymbol{B}_k^{\mathrm{T}}\boldsymbol{B}_k\overline{\boldsymbol{d}}_{*k}(\widehat{\Delta})}{\frac{1}{2}\|F(\boldsymbol{x}_k)+\boldsymbol{B}_k\overline{\boldsymbol{d}}_{*k}(\widehat{\Delta})\|^2-\theta(\boldsymbol{x}_k)} \\
&= 1+\frac{F(\boldsymbol{x}_k)^{\mathrm{T}}\boldsymbol{T}_k\overline{\boldsymbol{d}}_{*k}(\widehat{\Delta})-F(\boldsymbol{x}_k)^{\mathrm{T}}\boldsymbol{B}_k\overline{\boldsymbol{d}}_{*k}(\widehat{\Delta})-\frac{1}{2}\overline{\boldsymbol{d}}_{*k}(\widehat{\Delta})^{\mathrm{T}}\boldsymbol{B}_k^{\mathrm{T}}\boldsymbol{B}_k\overline{\boldsymbol{d}}_{*k}(\widehat{\Delta})}{\frac{1}{2}\|F(\boldsymbol{x}_k)+\boldsymbol{B}_k\overline{\boldsymbol{d}}_{*k}(\widehat{\Delta})\|^2-\theta(\boldsymbol{x}_k)} \\
&\quad +\frac{o(\|\overline{\boldsymbol{d}}_{*k}(\widehat{\Delta})\|)}{\frac{1}{2}\|F(\boldsymbol{x}_k)+\boldsymbol{B}_k\overline{\boldsymbol{d}}_{*k}(\widehat{\Delta})\|^2-\theta(\boldsymbol{x}_k)} \\
&\leqslant 1+\frac{\|(\boldsymbol{T}_k-\boldsymbol{B}_k)^{\mathrm{T}}F(\boldsymbol{x}_k)\|\|\overline{\boldsymbol{d}}_{*k}(\widehat{\Delta})\|-\frac{1}{2}\overline{\boldsymbol{d}}_{*k}(\widehat{\Delta})^{\mathrm{T}}\boldsymbol{B}_k^{\mathrm{T}}\boldsymbol{B}_k\overline{\boldsymbol{d}}_{*k}(\widehat{\Delta})+o(\|\overline{\boldsymbol{d}}_{*k}(\widehat{\Delta})\|)}{\frac{1}{2}\|F(\boldsymbol{x}_k)+\boldsymbol{B}_k\overline{\boldsymbol{d}}_{*k}(\widehat{\Delta})\|^2-\theta(\boldsymbol{x}_k)} \\
&= 1+\frac{o(\|\overline{\boldsymbol{d}}_{*k}(\widehat{\Delta})\|)}{O(\|\overline{\boldsymbol{d}}_{*k}(\widehat{\Delta})\|)},
\end{aligned}$$

其中最后一个不等式由假设 4.2 得到, 最后一个等式由式 (4.76) 得到, 这表明当 $\widehat{\Delta}$ 充分小时, $\widehat{r}_{*k} \geqslant \rho_2$ 必定成立. 由更新的规则, 算法 4.3 中步 6 中 $\hat{\Delta}$ 和假设 $\hat{\Delta} \to 0$ 矛盾. 这表明在步 4 和步 6 之间的循环是有限步的. □

引理 4.11 表明算法 4.3 是恰当定义, 基于以上引理, 类似文献 [49] 的性质 4.1 和性质 4.2, 不难得到如下两个性质.

性质 4.2 假设 $x*$ 是子序列 $\{\underline{x}_k\}_{k\in K}$ 的一个极限点. 如果 $x*$ 不是驻点, 那么存在一个下标 $\widehat{k}>0$ 和一个常数 $\overline{\Delta}$ 满足, $\forall k \geqslant \widehat{k}$ 且 $k\in K$, $\forall\widehat{\Delta}\in(0,\overline{\Delta})$ 满足

$$\theta(\boldsymbol{x}_k)-\frac{1}{2}\|F(\boldsymbol{x}_k)+\boldsymbol{B}_k\overline{\boldsymbol{d}}_{*k}(\widehat{\Delta})\|^2 \geqslant -\sigma F(\boldsymbol{x}_k)^{\mathrm{T}}\boldsymbol{B}_k\overline{\boldsymbol{d}}_{*k}^{G}(\widehat{\Delta}) \tag{4.89}$$

且

$$\widehat{r}_{*k}=\frac{\theta(\boldsymbol{x}_k+\overline{\boldsymbol{d}}_{*k}(\widehat{\Delta}))-\theta(\boldsymbol{x}_k)}{\frac{1}{2}\|F(\boldsymbol{x}_k)+\boldsymbol{B}_k\overline{\boldsymbol{d}}_{*k}(\widehat{\Delta})\|^2-\theta(\boldsymbol{x}_k)}\geqslant\rho_1. \tag{4.90}$$

性质 4.3 假设 $x*$ 是子序列 $\{\underline{x}_k\}_{k\in K}$ 的一个极限点. 如果 $x*$ 不是驻点, 那么

$$\overline{\delta}=\lim_{k\in K,k\to\infty}\inf\delta_k>0, \tag{4.91}$$

其中 δ_k 由算法 4.3 中步 6 定义.

下面证明算法 (4.3) 的全局收敛性.

定理 4.12 假设序列 $\{\boldsymbol{x}_k\}$ 由算法 4.3 产生且假设 4.2 成立, 那么 $\{\boldsymbol{x}_k\}$ 的每个聚点都是问题 (4.46) 的驻点.

证明 假设 $\boldsymbol{x}_*$ 是 $\{\boldsymbol{x}_k\}$ 的一个聚点, 令

$$\lim_{k\in K,k\to\infty}\boldsymbol{x}_k=\boldsymbol{x}_*.$$

采用反证法, 假设 $\boldsymbol{x}_*$ 不是问题 ((4.46)) 的驻点.

记

$$\gamma_*=\min\left\{1,\frac{\Delta_{\max}}{\|\boldsymbol{B}_*F(\boldsymbol{x}_*)\|},\eta\frac{\|F(\boldsymbol{x}_*)\|}{\|\boldsymbol{B}_*F(\boldsymbol{x}_*)\|},\frac{\eta\theta(\boldsymbol{x}_*)}{\|\boldsymbol{B}_*F(\boldsymbol{x}_*)\|^2}\right\}. \tag{4.92}$$

由于 γ_* 不是问题 (4.46) 的驻点, 可以得到 $\gamma_*>0$ 且

$$\begin{aligned}&-\frac{\|\overline{\boldsymbol{d}}_{*k}^G(\Delta_{\max})\|}{\gamma_k}\to\frac{\|P_{\boldsymbol{X}}[\boldsymbol{x}_*-\gamma_*\boldsymbol{B}_*F(\boldsymbol{x}_*)]-\boldsymbol{x}_*\|}{\gamma_*}\\&=-b_3<0,\quad k\in K,k\to\infty,\end{aligned} \tag{4.93}$$

那么存在一个整数 $\overline{k}>0$ 满足, 对 $k\in K$ 且 $\forall k\geqslant\overline{k}$

$$-\frac{\|\overline{\boldsymbol{d}}_{*k}^G(\Delta_{\max})\|}{\gamma_k}\geqslant b_4,$$

其中 $b_4>0$, 由算法 4.3 中步 6 和 (4.80) 及性质 4.3, 得到

$$\begin{aligned}\theta(\boldsymbol{x}_k)-\frac{1}{2}\|F(\boldsymbol{x}_k)+\boldsymbol{B}_k\overline{\boldsymbol{d}}_{*k}(\delta_k)\|^2 &\geqslant -\sigma F(\boldsymbol{x}_k)^{\mathrm{T}}\boldsymbol{B}_k\overline{\boldsymbol{d}}_{*k}^G(\delta_k)\\ &\geqslant \frac{\sigma\delta_k}{\gamma_k\Delta_{\max}}\|\overline{\boldsymbol{d}}_{*k}^G(\Delta_{\max})\|\\ &\geqslant \frac{\sigma\delta_k b_4}{\Delta_{\max}}\\ &\geqslant \frac{\sigma\bar{\delta}b_4}{\Delta_{\max}}\\ &> 0.\end{aligned}$$

结合式 (4.73), 得到

$$\theta(\boldsymbol{x}_k)-\theta(\boldsymbol{x}_{k+1})\geqslant\frac{\rho_1\sigma\bar{\delta}b_4}{\Delta_{\max}}>0,\quad \forall k\geqslant\bar{k},k\in K. \tag{4.94}$$

因而, 可以推断出

$$\begin{aligned}\theta(\boldsymbol{x}_0) &\geqslant \sum \boldsymbol{s}_{k=0}^{\infty}[\theta(\boldsymbol{x}_k)-\theta(\boldsymbol{x}_{k+1})]\\ &\geqslant \sum \boldsymbol{s}_{k=0}^{\infty}\rho_1\left[\theta(\boldsymbol{x}_k)-\frac{1}{2}\|F(\boldsymbol{x}_k)+\boldsymbol{B}_k\overline{\boldsymbol{d}}_{*k}(\delta_k)\|^2\right]\\ &\geqslant \sum \boldsymbol{s}_{k>\bar{k},k\in K}\rho_1\left[\theta(\boldsymbol{x}_k)-\frac{1}{2}\|F(\boldsymbol{x}_k)+\boldsymbol{B}_k\overline{\boldsymbol{d}}_{*k}(\delta_k)\|^2\right]\\ &\geqslant \sum \boldsymbol{s}_{k>\bar{k},k\in K}\rho_1\frac{\sigma\bar{\delta}b_4}{\Delta_{\max}}\\ &=\infty.\end{aligned}$$

因为 $\{\theta(\boldsymbol{x}_k)\}$ 非增, 上述不等式产生矛盾. □

下面讨论超线性收敛性.

假设存在一个 $\{\boldsymbol{x}_k\}$ 的聚点 $\boldsymbol{x}_*$, $F(\boldsymbol{x}_*)=0$, $\boldsymbol{x}^*$ 是问题 (4.45) 的 BD-正则化解, 即 $\forall \boldsymbol{V}\in\partial F(\boldsymbol{x}_*)$ 是非奇异的. 令 $\{\boldsymbol{x}_k\}_{k\in K}$ 为 $\{\boldsymbol{x}_k\}$ 的一个子序列, 且收敛到 $\boldsymbol{x}_*$. 记

$$\boldsymbol{A}_*=\{i\in\{1,2,\ldots,n\}|\boldsymbol{x}_{*i}=l_i\text{或}\boldsymbol{x}_{*i}=\mu_i\},\quad \boldsymbol{I}_*=\{1,2,\ldots,n\}\backslash\boldsymbol{A}_*.$$

基于问题 (4.45)BD 正则解 $\boldsymbol{x}_*$ 的定义, 不难得到如下引理.

引理 4.13 令 $\boldsymbol{x}_*$ 为问题 (4.45) 的 BD- 正则解, 则有如下成立:

(i) 当存在一个正常数 a_1 满足 $\|\boldsymbol{x}-\boldsymbol{x}_*\|\leqslant a_1$, 那么对每一个 $\boldsymbol{T}\in\partial F(x)$ 是非奇异的, 且存在一个正常数 ε_1 满足

$$\|\boldsymbol{T}^{-1}\|\leqslant\varepsilon_1;$$

(ii) 存在正常数 a_2 和 ε_2, 使得

$$\varepsilon_2\|\boldsymbol{x}-\boldsymbol{x}_*\|\leqslant\|F(\boldsymbol{x})\|$$

对所有满足 $\|\boldsymbol{x}-\boldsymbol{x}_*\|\leqslant a_2$ 的 x 成立.

由问题 (4.45)BD- 正则解 $\boldsymbol{x}_*$ 的定义, 积极集估计的定义和 $\boldsymbol{A}_*$ 及 $\boldsymbol{I}_*$ 的定义, 和文献 [47] 引理 7.1(或文献 [49] 引理 5.2) 证明类似, 不难得到如下引理.

引理 4.14 (i) 对充分大的 $\boldsymbol{x}_k\in K$, 有 $\boldsymbol{A}_k=\boldsymbol{A}_*$ 和 $\boldsymbol{I}_k=\boldsymbol{I}_*$.

(ii) 存在 $a_3>0$, 对所有充分大的 $x_k\in K$, 满足矩阵 $(\boldsymbol{T}_k^{\boldsymbol{I}_k})^{\mathrm{T}}\boldsymbol{T}_k^{\boldsymbol{I}_k}$ 非奇异, 且

$$\|[(\boldsymbol{T}_k^{\boldsymbol{I}_k})^{\mathrm{T}}\boldsymbol{T}_k^{\boldsymbol{I}_k}]^{-1}\|\leqslant a_3. \tag{4.95}$$

为了得到算法 4.3 的超线性收敛性, 需要如下假设 (参考文献 [56, 57, 67]).

假设 4.3 $\boldsymbol{B}_k$ 是 $\boldsymbol{T}_k$ 的很好近似, 即

$$\|(\boldsymbol{B}_k-\boldsymbol{T}_k)\overline{\boldsymbol{d}}_{*k}(\Delta_k)\|=o(\|\overline{\boldsymbol{d}}_{*k}(\Delta_k)\|). \tag{4.96}$$

注 4.3 由于 $\boldsymbol{B}_k$ 是 $\boldsymbol{T}_k$ 的一个很好近似, 则有当 $\boldsymbol{T}_k$ 非奇异时, 由 von Neumann 引理, $\boldsymbol{B}_k$ 是非奇异且有界的 (参考文献 [67]). 类似可推断 $(\boldsymbol{B}_k^{\boldsymbol{I}_k})^{\mathrm{T}}\boldsymbol{B}_k^{\boldsymbol{I}_k}$ 是非奇异的, 且它们的逆矩阵有界.

引理 4.15 对充分大的 $k\in K$, 有

$$\widetilde{\boldsymbol{d}}_{*k}^{\boldsymbol{A}_k}(\Delta_k)=\boldsymbol{x}_*^{\boldsymbol{A}_k}-\boldsymbol{x}_k^{\boldsymbol{A}_k}. \tag{4.97}$$

而且存在正常数 ε_3 和 ε'_3 满足

$$\|\widetilde{\boldsymbol{d}}_{*k}^{\boldsymbol{A}_k}(\Delta_k)\|\leqslant\varepsilon_3\|\nabla\theta(\boldsymbol{x}_k)\| \tag{4.98}$$

和

$$\|\widetilde{\boldsymbol{d}}_{*k}^{\boldsymbol{A}_k}(\Delta_k)\| \leqslant \varepsilon_3'\|\boldsymbol{B}_k F(\boldsymbol{x}_k)\|. \tag{4.99}$$

证明　注意到在每一步迭代有 $\Delta_k \geqslant \Delta_{\min} > 0$, 对充分大的 $k \in K$, 取任意下标 $i \in \boldsymbol{A}_k$, 由引理 4.14 有 $i \in \boldsymbol{A}_*$, 则 $\boldsymbol{x}_{*i} = \boldsymbol{l}_i$ 或 $\boldsymbol{x}_{*i} = \boldsymbol{\mu}_i$. 事实上, 如果 $k \in K$ 且充分大, 由选取 δ 的方式, 当 $\boldsymbol{x}_{ki} - \boldsymbol{l}_i \leqslant \boldsymbol{\xi}_k$ 时, 有 $\boldsymbol{x}_{*i} = \boldsymbol{l}_i$, 当 $\boldsymbol{\mu}_i - \boldsymbol{x}_{ki} \leqslant \boldsymbol{\xi}_k$ 时, 有 $\boldsymbol{x}_{*i} = \boldsymbol{\mu}_i$, 则有

$$\widetilde{\boldsymbol{d}}_{*k}^{\boldsymbol{A}_k}(\Delta_k) = \begin{cases} \boldsymbol{l}_i - \boldsymbol{x}_{ki} = \boldsymbol{x}_{*i} - \boldsymbol{x}_{ki}, & \text{当}\boldsymbol{x}_{ki} - \boldsymbol{l}_i \leqslant \boldsymbol{\xi}_k\text{时}, \\ \boldsymbol{\mu}_i - \boldsymbol{x}_{ki} = \boldsymbol{x}_{*i} - \boldsymbol{x}_{ki}, & \text{当}\boldsymbol{\mu}_i - \boldsymbol{x}_{ki} \leqslant \boldsymbol{\xi}_k\text{时}, \end{cases}$$

这表明式 (4.97) 成立. 下面证明式 (4.98) 和 (4.99), 由 θ 的连续可微性, 有

$$\nabla\theta(\boldsymbol{x}_k) = \boldsymbol{T}_k F(\boldsymbol{x}_k).$$

则由引理 4.13 和注 4.3 有, 当 $k \in K$ 足够大时,

$$\|F(\boldsymbol{x})\| \leqslant \varepsilon_1\|\nabla\theta(\boldsymbol{x}_k)\|, \quad \|F(\boldsymbol{x})\| \leqslant \varepsilon'_1\|\boldsymbol{B}_k F(\boldsymbol{x}_k)\|,$$

其中 $\varepsilon'_1 > 0$ 满足 $\|\boldsymbol{B}_k^{-1}\| \leqslant \varepsilon'_1$. 所以由式 (4.97) 和引理 4.13 推断, 当 $k \in K$ 足够大时,

$$\begin{aligned}\|\widetilde{\boldsymbol{d}}_{*k}^{\boldsymbol{A}_k}(\Delta_k)\| &= \|\boldsymbol{x}_*^{\boldsymbol{A}_k} - \boldsymbol{x}_k^{\boldsymbol{A}_k}\| \leqslant \|\boldsymbol{x}_k - \boldsymbol{x}_*\| \\ &\leqslant \frac{1}{\varepsilon_2}\|F(\boldsymbol{x}_k)\| \leqslant \frac{\varepsilon_1}{\varepsilon_2}\|\nabla\theta(\boldsymbol{x}_k)\|,\end{aligned} \tag{4.100}$$

$$\begin{aligned}\|\widetilde{\boldsymbol{d}}_{*k}^{\boldsymbol{A}_k}(\Delta_k)\| &= \|\boldsymbol{x}_*^{\boldsymbol{A}_k} - \boldsymbol{x}_k^{\boldsymbol{A}_k}\| \leqslant \|\boldsymbol{x}_k - \boldsymbol{x}_*\| \\ &\leqslant \frac{1}{\varepsilon_2}\|F(\boldsymbol{x}_k)\| \leqslant \frac{\varepsilon_1'}{\varepsilon_2}\|\boldsymbol{B}_k F(\boldsymbol{x}_k)\|.\end{aligned} \tag{4.101}$$

当 $\varepsilon_3 = \dfrac{\varepsilon_1}{\varepsilon_2}$ 时可得 (4.98), 当 $\varepsilon'_3 = \dfrac{\varepsilon'_1}{\varepsilon_2}$ 时可得式 (4.99), □

引理 4.16　当 $\widehat{\Delta} = \Delta_k$ 时, 令 $\widetilde{\boldsymbol{d}}_{*k}^{\boldsymbol{I}_k}(\Delta_k)$ 为信赖域子问题 (4.62) 的解, 那么当 $k \in K$ 且充分大时, 有下式成立

$$\widetilde{\boldsymbol{d}}_{*k}^{\boldsymbol{I}_k}(\Delta_k) = -[(\boldsymbol{B}_k^{\boldsymbol{I}_k})^{\mathrm{T}}\boldsymbol{B}_k^{\boldsymbol{I}_k}]^{-1}(\boldsymbol{B}_k^{\boldsymbol{I}_k})^{\mathrm{T}}(F(\boldsymbol{x}_k) + \boldsymbol{B}_k^{\boldsymbol{A}_k}\widetilde{\boldsymbol{d}}_{*k}^{\boldsymbol{A}_k}(\Delta_k)). \tag{4.102}$$

证明 记

$$\boldsymbol{s}_k = -[(\boldsymbol{B}_k^{\boldsymbol{I}_k})^{\mathrm{T}}\boldsymbol{B}_k^{\boldsymbol{I}_k}]^{-1}(\boldsymbol{B}_k^{\boldsymbol{I}_k})^{\mathrm{T}}(F(\boldsymbol{x}_k) + \boldsymbol{B}_k^{\boldsymbol{A}_k}\widetilde{d}_{*k}^{\boldsymbol{A}_k}(\Delta_k)).$$

为了得到式 (4.102), 需要证明 $\boldsymbol{s}_k$ 满足式 ((4.62)) 的约束, 因为 $\boldsymbol{s}_k$ 是式 (4.62) 的 Newton 方向, 即要证 $\|\boldsymbol{s}_k\| \leqslant \Delta$. 由引理 4.14, 引理 4.15 和注 4.3, 存在一个常数 $a_4 > 0$, 使得对 $k \in K$ 且充分大时有

$$\|\boldsymbol{s}_k\| \leqslant a_4\|F(\boldsymbol{x}_k)\| \leqslant \Delta_{\min} \leqslant \Delta_k.$$

这就证明了引理, □

引理 4.17 设假设 4.2 和假设 4.3 成立, 对充分大的 $k \in K$, 有

$$\boldsymbol{x}_k + \boldsymbol{d}_{*k}^{\mathrm{tr}}(\Delta_k) = \boldsymbol{x}_* + o(\theta(\boldsymbol{x}_k)^{\frac{1}{2}}). \tag{4.103}$$

证明 由假设 4.3, 引理 4.14, 引理 4.15 和引理 4.16 以及 F 在 $\boldsymbol{x}_*$ 处的半光滑性, 有

$$\begin{aligned}
&\boldsymbol{x}_k^{\boldsymbol{I}_k} + \widetilde{d}_{*k}^{\boldsymbol{A}_k}(\Delta_k)\\
&= \boldsymbol{x}_k^{\boldsymbol{I}_k} - [(\boldsymbol{B}_k^{\boldsymbol{I}_k})^{\mathrm{T}}\boldsymbol{B}_k^{\boldsymbol{I}_k}]^{-1}(\boldsymbol{B}_k^{\boldsymbol{I}_k})^{\mathrm{T}}(F(\boldsymbol{x}_k) + \boldsymbol{B}_k^{\boldsymbol{A}_k}(\boldsymbol{x}_*^{\boldsymbol{A}_k} - \boldsymbol{x}_k^{\boldsymbol{A}_k}))\\
&= \boldsymbol{x}_k^{\boldsymbol{I}_k} - [(\boldsymbol{B}_k^{\boldsymbol{I}_k})^{\mathrm{T}}\boldsymbol{B}_k^{\boldsymbol{I}_k}]^{-1}\{(\boldsymbol{B}_k^{\boldsymbol{I}_k})^{\mathrm{T}}[F(\boldsymbol{x}_k) + \boldsymbol{B}_k^{\boldsymbol{A}_k}(\boldsymbol{x}_*^{\boldsymbol{A}_k} - \boldsymbol{x}_k^{\boldsymbol{A}_k})]\\
&\quad - (\boldsymbol{B}_k^{\boldsymbol{I}_k})^{\mathrm{T}}\boldsymbol{B}_k^{\boldsymbol{I}_k}(\boldsymbol{x}_k^{\boldsymbol{I}_k} - \boldsymbol{x}_*^{\boldsymbol{I}_k})\}\\
&= \boldsymbol{x}_k^{\boldsymbol{I}_k} - [(\boldsymbol{B}_k^{\boldsymbol{I}_k})^{\mathrm{T}}\boldsymbol{B}_k^{\boldsymbol{I}_k}]^{-1}(\boldsymbol{B}_k^{\boldsymbol{I}_k})^{\mathrm{T}}[F(\boldsymbol{x}_k) - F(\boldsymbol{x}_*) - \boldsymbol{B}_k(\boldsymbol{x}_k - \boldsymbol{x}_*)]\\
&= \boldsymbol{x}_k^{\boldsymbol{I}_k} - [(\boldsymbol{B}_k^{\boldsymbol{I}_k})^{\mathrm{T}}\boldsymbol{B}_k^{\boldsymbol{I}_k}]^{-1}(\boldsymbol{B}_k^{\boldsymbol{I}_k})^{\mathrm{T}}[F(\boldsymbol{x}_k) - F(\boldsymbol{x}_*) - \boldsymbol{T}_k(\boldsymbol{x}_k - \boldsymbol{x}_*)\\
&\quad + (\boldsymbol{T}_k - \boldsymbol{B}_k)(\boldsymbol{x}_k - \boldsymbol{x}_*)]\\
&= \boldsymbol{x}_k^{\boldsymbol{I}_k} + o(\|\boldsymbol{x}_k - \boldsymbol{x}_*\|)\\
&= \boldsymbol{x}_k^{\boldsymbol{I}_k} + o(\theta(\boldsymbol{x}_k)^{\frac{1}{2}}).
\end{aligned} \tag{4.104}$$

这就证明了 $\forall i \in I_k$, 式 (4.103) 成立. □

引理 4.18 设假设 4.3 成立, 对任意充分大的 $k \in K$, 有

$$\overline{\boldsymbol{d}}_{*k}^{\mathrm{tr}}(\Delta_k) = -(\boldsymbol{x}_k - \boldsymbol{x}_*) + o(\theta(\boldsymbol{x}_k)^{\frac{1}{2}}). \tag{4.105}$$

证明　由假设 4.3, 引理 4.17 以及投影的性质, 有

$$
\begin{aligned}
\overline{\boldsymbol{d}}_{*k}^{\mathrm{tr}}(\Delta_k) &= P_{\boldsymbol{X}}(\boldsymbol{x}_k + \boldsymbol{d}_{*k}^{\mathrm{tr}}(\Delta_k)) - \boldsymbol{x}_k \\
&= P_{\boldsymbol{X}}(\boldsymbol{x}_* + o(\theta(\boldsymbol{x}_k)^{\frac{1}{2}}) - \boldsymbol{x}_k \\
&= \{P_{\boldsymbol{X}}(\boldsymbol{x}_* + o(\theta(\boldsymbol{x}_k)^{\frac{1}{2}}) - P_{\boldsymbol{X}}(\boldsymbol{x}_*)\} + P_{\boldsymbol{X}}(\boldsymbol{x}_*) - \boldsymbol{x}_k \\
&= -(\boldsymbol{x}_k - \boldsymbol{x}_*) + o(\theta(\boldsymbol{x}_k)^{\frac{1}{2}}).
\end{aligned} \tag{4.106}
$$

这就证明了 (4.105).　□

引理 4.19　设假设 4.3 成立, 对任意充分大的 $k \in K$, 有

$$
\overline{\boldsymbol{d}}_{*k}(\Delta_k) = -(\boldsymbol{x}_k - \boldsymbol{x}_*) + o(\theta(\boldsymbol{x}_k)^{\frac{1}{2}}), \tag{4.107}
$$

且

$$
\frac{\|\overline{\boldsymbol{d}}_{*k}(\Delta_k) - \overline{\boldsymbol{d}}_{*k}^{\mathrm{tr}}(\Delta_k)\|}{\|\overline{\boldsymbol{d}}_{*k}^{\mathrm{tr}}(\Delta_k)\|} = o(1). \tag{4.108}
$$

证明　由 (4.67) 和 $\boldsymbol{B}_k$ 的非奇异性, $t_{*k}(\Delta_k)$ 可以表示为

$$
t_{*k}(\Delta_k) = \begin{cases} -\dfrac{[F(\boldsymbol{x}_k) + \boldsymbol{B}_k\overline{\boldsymbol{d}}_{*k}^{\mathrm{tr}}(\Delta_k)]^{\mathrm{T}}\boldsymbol{B}_k[\overline{\boldsymbol{d}}_{*k}^{G}(\Delta_k) - \overline{\boldsymbol{d}}_{*k}^{\mathrm{tr}}(\Delta_k)]}{\|\boldsymbol{B}_k[\overline{\boldsymbol{d}}_{*k}^{G}(\Delta_k) - \overline{\boldsymbol{d}}_{*k}^{\mathrm{tr}}(\Delta_k)]\|^2}, \\ \qquad\qquad\qquad\qquad \text{当}\overline{\boldsymbol{d}}_{*k}^{G}(\Delta_k) \neq \overline{\boldsymbol{d}}_{*k}^{\mathrm{tr}}(\Delta_k)\text{时}, \\ \text{任意在}(-\infty, +\infty)\text{上的数}, \quad \text{当}\overline{\boldsymbol{d}}_{*k}^{G}(\Delta_k) = \overline{\boldsymbol{d}}_{*k}^{\mathrm{tr}}(\Delta_k)\text{时}, \end{cases}
$$

分两种情况证明 (4.107).

(i) $\overline{\boldsymbol{d}}_{*k}^{G}(\Delta_k) \neq \overline{\boldsymbol{d}}_{*k}^{G}(\Delta_k)$, 由引理 4.18 和假设 4.3, 有

$$
\begin{aligned}
&F(\boldsymbol{x}_k) + \boldsymbol{B}_k\overline{\boldsymbol{d}}_{*k}^{\mathrm{tr}}(\Delta_k) \\
={}& F(\boldsymbol{x}_k) - \boldsymbol{B}_k(\boldsymbol{x}_k - \boldsymbol{x}_*) + o(\theta(\boldsymbol{x}_k)^{\frac{1}{2}}) \\
={}& F(\boldsymbol{x}_k) - \boldsymbol{T}_k(\boldsymbol{x}_k - \boldsymbol{x}_*) + (\boldsymbol{T}_k - \boldsymbol{B}_k)(\boldsymbol{x}_k - \boldsymbol{x}_*) + o(\theta(\boldsymbol{x}_k)^{\frac{1}{2}}) \\
={}& o(\theta(\boldsymbol{x}_k)^{\frac{1}{2}}),
\end{aligned} \tag{4.109}
$$

同时有

$$\begin{aligned}\boldsymbol{B}_k\overline{\boldsymbol{d}}_{*k}^{\rm tr}(\Delta_k) &= -\boldsymbol{B}_k(\boldsymbol{x}_k-\boldsymbol{x}_*)+o(\theta(\boldsymbol{x}_k)^{\frac{1}{2}})\\ &= -\boldsymbol{T}_k(\boldsymbol{x}_k-\boldsymbol{x}_*)+(\boldsymbol{T}_k-\boldsymbol{B}_k)(\boldsymbol{x}_k-\boldsymbol{x}_*)+o(\theta(\boldsymbol{x}_k)^{\frac{1}{2}})\\ &= -F(\boldsymbol{x}_k)+o(\theta(\boldsymbol{x}_k)^{\frac{1}{2}})\\ &= O(\theta(\boldsymbol{x}_k)^{\frac{1}{2}}).\end{aligned}$$

结合式 (4.109) 中有

$$[F(\boldsymbol{x}_k)+\boldsymbol{B}_k\overline{\boldsymbol{d}}_{*k}^{\rm tr}(\Delta_k)]^{\rm T}\boldsymbol{B}_k\overline{\boldsymbol{d}}_{*k}^{\rm tr}(\Delta_k)=o(\|\theta(\boldsymbol{x}_k)\|). \tag{4.110}$$

另外, 由式 (4.109)γ_k 的选择, 得到

$$\begin{aligned}\|\overline{\boldsymbol{d}}_{*k}^{G}(\Delta_k)\| &= \left\|P_{\boldsymbol{X}}\left(\boldsymbol{x}_k-\frac{\Delta_k}{\Delta_{\max}}\gamma_k\boldsymbol{B}_k^{\rm T}F(\boldsymbol{x}_k)\right)-\boldsymbol{x}_k\right\|\\ &\leqslant \frac{\Delta_k}{\Delta_{\max}}\gamma_k\|\boldsymbol{B}_k^{\rm T}F(\boldsymbol{x}_k)\|\\ &\leqslant \gamma_k\|\boldsymbol{B}_k^{\rm T}F(\boldsymbol{x}_k)\|\\ &\leqslant \eta\|F(\boldsymbol{x}_k)\|\\ &= O(\theta(\boldsymbol{x}_k)^{\frac{1}{2}}).\end{aligned} \tag{4.111}$$

结合式 (4.109) 可得到

$$[F(\boldsymbol{x}_k)+\boldsymbol{B}_k\overline{\boldsymbol{d}}_{*k}^{\rm tr}(\Delta_k)]^{\rm T}\boldsymbol{B}_k\overline{\boldsymbol{d}}_{*k}^{G}(\Delta_k)=o(\|\theta(\boldsymbol{x}_k)\|). \tag{4.112}$$

式 (4.109) 和 (4.112) 表明 $t_{*k}(\Delta_k)$ 的分子是 $o(\|\theta(\boldsymbol{x}_k)\|)$.

由假设 4.3, 估算 $t_{*k}(\Delta_k)$ 的分母得到

$$\begin{aligned}&\|\boldsymbol{B}_k[\overline{\boldsymbol{d}}_{*k}^{G}(\Delta_k)-\overline{\boldsymbol{d}}_{*k}^{\rm tr}(\Delta_k)]\|\\ &= \|\boldsymbol{B}_k\overline{\boldsymbol{d}}_{*k}^{\rm tr}(\Delta_k)\|^2-2[\boldsymbol{B}_k\overline{\boldsymbol{d}}_{*k}^{\rm tr}(\Delta_k)]^{\rm T}[\boldsymbol{B}_k\overline{\boldsymbol{d}}_{*k}^{G}(\Delta_k)]+\|\boldsymbol{B}_k\overline{\boldsymbol{d}}_{*k}^{G}(\Delta_k)\|^2\\ &\geqslant \|\boldsymbol{B}_k\overline{\boldsymbol{d}}_{*k}^{\rm tr}(\Delta_k)\|^2-2[\boldsymbol{B}_k\overline{\boldsymbol{d}}_{*k}^{\rm tr}(\Delta_k)]^{\rm T}[\boldsymbol{B}_k\overline{\boldsymbol{d}}_{*k}^{G}(\Delta_k)]\\ &= \|\boldsymbol{T}_k\overline{\boldsymbol{d}}_{*k}^{\rm tr}(\Delta_k)+(\boldsymbol{B}_k-\boldsymbol{T}_k)\overline{\boldsymbol{d}}_{*k}^{\rm tr}(\Delta_k)\|^2-2[\boldsymbol{T}_k\overline{\boldsymbol{d}}_{*k}^{\rm tr}(\Delta_k)\\ &\quad +(\boldsymbol{B}_k-\boldsymbol{T}_k)\overline{\boldsymbol{d}}_{*k}^{\rm tr}(\Delta_k)]^{\rm T}[\boldsymbol{B}_k\overline{\boldsymbol{d}}_{*k}^{G}(\Delta_k)]\end{aligned}$$

$$
\begin{aligned}
&= \| -\boldsymbol{T}_k(\boldsymbol{x}_k - \boldsymbol{x}_*) + o(\theta(\boldsymbol{x}_k)^{\frac{1}{2}})\|^2 - 2[-\boldsymbol{T}_k(\boldsymbol{x}_k - \boldsymbol{x}_*) \\
&\quad + o(\theta(\boldsymbol{x}_k)^{\frac{1}{2}})]^{\mathrm{T}}[\boldsymbol{B}_k \overline{\boldsymbol{d}}_{*k}^G(\Delta_k)] \\
&= \| -F(\boldsymbol{x}_k) + o(\theta(\boldsymbol{x}_k)^{\frac{1}{2}})\|^2 - 2[-F(\boldsymbol{x}_k) + o(\theta(\boldsymbol{x}_k)^{\frac{1}{2}})]^{\mathrm{T}}[\boldsymbol{B}_k \overline{\boldsymbol{d}}_{*k}^G(\Delta_k)] \\
&= 2\theta(\boldsymbol{x}_k) + o(\theta(\boldsymbol{x}_k)) - 2[-\boldsymbol{B}_k F(\boldsymbol{x}_k) + o(\theta(\boldsymbol{x}_k)^{\frac{1}{2}})]^{\mathrm{T}} \overline{\boldsymbol{d}}_{*k}^G(\Delta_k) \\
&\geqslant 2\theta(\boldsymbol{x}_k) + o(\theta(\boldsymbol{x}_k)) - 2[\| -\boldsymbol{B}_k F(\boldsymbol{x}_k)\| \|\overline{\boldsymbol{d}}_{*k}^G(\Delta_k)\| \\
&\quad + o(\theta(\boldsymbol{x}_k)^{\frac{1}{2}})\|\overline{\boldsymbol{d}}_{*k}^G(\Delta_k)\|] \\
&\geqslant 2\theta(\boldsymbol{x}_k) + o(\theta(\boldsymbol{x}_k)) - 2\frac{\Delta_k}{\Delta_{\max}}\gamma_k \|\boldsymbol{B}_k F(\boldsymbol{x}_k)\|^2 + o(\theta(\boldsymbol{x}_k)^{\frac{1}{2}}) \\
&\quad \Delta_k \gamma_k \|\boldsymbol{B}_k F(\boldsymbol{x}_k)\| \\
&\geqslant 2(1-\eta)\theta(\boldsymbol{x}_k) + o(\theta(\boldsymbol{x}_k)),
\end{aligned} \tag{4.113}
$$

其中第三个等式由式 (4.105) 得到, 第三个不等式由式 (4.111) 得到, 由式 (4.70) 得到最后一个不等式. 上述讨论表明如果 $\overline{\boldsymbol{d}}_{*k}^G(\Delta_k) \neq \overline{\boldsymbol{d}}_{*k}^{\mathrm{tr}}(\Delta_k)$, 则

$$
t_{*k}(\Delta_k) \leqslant \frac{o(\theta(\boldsymbol{x}_k))}{2(1-\eta)\theta(\boldsymbol{x}_k) + o(\theta(\boldsymbol{x}_k))} = o(1).
$$

再由引理 4.7, 有

$$
t_{*k}^*(\Delta_k) \leqslant o(1)
$$

且

$$
\begin{aligned}
\overline{\boldsymbol{d}}_{*k}(\Delta_k) &= t_{*k}^*(\Delta_k)\overline{\boldsymbol{d}}_{*k}^G(\Delta_k) + (1 - t_{*k}^*(\Delta_k))\overline{\boldsymbol{d}}_{*k}^{\mathrm{tr}}(\Delta_k) \\
&= \overline{\boldsymbol{d}}_{*k}^{\mathrm{tr}}(\Delta_k) + o(\theta(\boldsymbol{x}_k)^{\frac{1}{2}}) \\
&= -(\boldsymbol{x}_k - \boldsymbol{x}_*) + o(\theta(\boldsymbol{x}_k)^{\frac{1}{2}}).
\end{aligned}
$$

(ii) $\overline{\boldsymbol{d}}_{*k}^G(\Delta_k) = \overline{\boldsymbol{d}}_{*k}^{\mathrm{tr}}(\Delta_k)$. 显然

$$
\overline{\boldsymbol{d}}_{*k}^G(\Delta_k) = \overline{\boldsymbol{d}}_{*k}^{\mathrm{tr}}(\Delta_k) = -(\boldsymbol{x}_k - \boldsymbol{x}_*) + o(\theta(\boldsymbol{x}_k)^{\frac{1}{2}}), \tag{4.114}
$$

那么式 (4.107) 成立. 下面证明式 (4.108). 由式 (4.107) 和引理 (4.17) 有

$$
\|\overline{\boldsymbol{d}}_{*k}(\Delta_k) - \boldsymbol{d}_k^{\mathrm{tr}}(\Delta_k)\| = o(\theta(\boldsymbol{x}_k)^{\frac{1}{2}}) = o(\|\boldsymbol{x}_k - \boldsymbol{x}_*\|),
$$

且

$$\|\boldsymbol{d}_k^{\rm tr}(\Delta_k)\| = \|\boldsymbol{x}_k - \boldsymbol{x}_*\| + o(\theta(\boldsymbol{x}_k)^{\frac{1}{2}}) = \|\boldsymbol{x}_k - \boldsymbol{x}_*\| + o(\|\boldsymbol{x}_k - \boldsymbol{x}_*\|).$$

因此得到式 (4.108), □

引理 4.20 设假设 4.3 成立, 则对充分大时 $k \in K$, 试探步 $\overline{\boldsymbol{d}}_{*k}(\Delta_k)$ 能被接受.

证明 由假设 4.3, 引理 4.13 和引理 4.19, 有

$$\begin{aligned}
&\theta(\boldsymbol{x}) - \frac{1}{2}\|F(\boldsymbol{x}_k) + \boldsymbol{B}_k\overline{\boldsymbol{d}}_{*k}(\Delta_k)\|^2 \\
=&\theta(\boldsymbol{x}) - \frac{1}{2}\|F(\boldsymbol{x}_k) - \boldsymbol{B}_k(\boldsymbol{x}_k - \boldsymbol{x}_*) + o(\theta(\boldsymbol{x}_k)^{\frac{1}{2}})\|^2 \\
=&\theta(\boldsymbol{x}) - \frac{1}{2}\|F(\boldsymbol{x}_k) - \boldsymbol{T}_k(\boldsymbol{x}_k - \boldsymbol{x}_*) + (\boldsymbol{T}_k - \boldsymbol{B}_k)(\boldsymbol{x}_k - \boldsymbol{x}_*) + o(\theta(\boldsymbol{x}_k)^{\frac{1}{2}})\|^2 \\
=&\theta(\boldsymbol{x}) - o(\theta(\boldsymbol{x}_k)).
\end{aligned} \tag{4.115}$$

另外有

$$\begin{aligned}
-\nabla\theta(\boldsymbol{x}_k)^{\rm T}\overline{\boldsymbol{d}}_{*k}^G(\Delta_k) &\leqslant \|\nabla\theta(\boldsymbol{x}_k)\|\|\overline{\boldsymbol{d}}_{*k}^G(\Delta_k)\| \\
&\leqslant \|\nabla\theta(\boldsymbol{x}_k)\|^2\gamma_k \\
&\leqslant \eta\theta(\boldsymbol{x}_k) < \theta(\boldsymbol{x}_k),
\end{aligned} \tag{4.116}$$

其中第三个不等式由算法 4.3 中 γ_k 的选取方式得到. 式 (4.115) 和 (4.116) 表明条件 (4.69), 对充分大的 $k \in K$ 成立. 下面证明 $\widehat{r}_{*k} \geqslant \rho_1$, 重写 $\widehat{r}_{*k}$ 为

$$\widehat{r}_{*k} = 1 + \frac{\theta(\boldsymbol{x}_k + \overline{\boldsymbol{d}}_{*k}(\widehat{\Delta}_k)) - \dfrac{1}{2}\|F(\boldsymbol{x}_k) + \boldsymbol{B}_k\overline{\boldsymbol{d}}_{*k}(\widehat{\Delta}_k)\|^2}{\dfrac{1}{2}\|F(\boldsymbol{x}_k) + \boldsymbol{B}_k\overline{\boldsymbol{d}}_{*k}(\widehat{\Delta}_k)\|^2 - \theta(\boldsymbol{x}_k)}.$$

由假设 4.3 和引理 4.19 有

$$\begin{aligned}
&\theta(\boldsymbol{x}_k + \overline{\boldsymbol{d}}_{*k}(\widehat{\Delta}_k)) - \frac{1}{2}\|F(\boldsymbol{x}_k) + \boldsymbol{B}_k\overline{\boldsymbol{d}}_{*k}(\widehat{\Delta}_k)\|^2 \\
=&\frac{1}{2}\|F(\boldsymbol{x}_k) + \overline{\boldsymbol{d}}_{*k}(\widehat{\Delta}_k)\|^2 - \frac{1}{2}\|F(\boldsymbol{x}_k) - \boldsymbol{B}_k(\boldsymbol{x}_k - \boldsymbol{x}_*) + o(\theta(\boldsymbol{x}_k)^{\frac{1}{2}})\| \\
=&\frac{1}{2}\|F(\boldsymbol{x}_k) + \overline{\boldsymbol{d}}_{*k}(\widehat{\Delta}_k)\|^2 + o(\theta(\boldsymbol{x}_k))
\end{aligned}$$

$$\leqslant \frac{1}{2}o(\theta(\boldsymbol{x}_k)) + o(\theta(\boldsymbol{x}_k))$$
$$= o(\theta(\boldsymbol{x}_k)). \tag{4.117}$$

由式 (4.115) 得到

$$\frac{1}{2}\|F(\boldsymbol{x}_k) + \boldsymbol{B}_k\overline{\boldsymbol{d}}_{*k}(\widehat{\Delta}_k)\|^2 - \theta(\boldsymbol{x}) = o(\theta(\boldsymbol{x}_k)) - \theta(\boldsymbol{x}). \tag{4.118}$$

因而由式 (4.117) 和 (4.118) 表明, 当 $k \in K$ 且充分大时,

$$\widehat{r}_{*k} \geqslant 1 + \frac{o(\theta(\boldsymbol{x}_k))}{o(\theta(\boldsymbol{x}_k)) - \theta(\boldsymbol{x})} \geqslant \rho_1.$$

这表明, 对充分大的 $k \in K$, 试探步 $\overline{\boldsymbol{d}}_{*k}(\Delta_k)$ 能被接受. □

定理 4.21 假设序列 $\{\boldsymbol{x}_k\}$ 由算法 4.3 产生且假设 4.3 成立, 设 $\boldsymbol{x}_*$ 是 $\{\boldsymbol{x}_k\}$ 的聚点, 且是式 (4.45) 的 BD- 正则解. 那么, 序列 $\{\boldsymbol{x}_k\}$ 超线性收敛到 $\boldsymbol{x}_*$.

证明 由引理 4.19 和引理 4.20, 对充分大的 $k \in K$, 有

$$\|\boldsymbol{x}_{k+1} - \boldsymbol{x}_*\| = \|\boldsymbol{x}_k + \overline{\boldsymbol{d}}_{*k}(\Delta_k) - \boldsymbol{x}_*\| = o(\theta(\boldsymbol{x}_k)^{\frac{1}{2}}) = o(\|\boldsymbol{x}_k - \boldsymbol{x}_*\|),$$

这表明 $\{\boldsymbol{x}_k\}_{k\in K}$ 超线性收敛到 $\boldsymbol{x}_*$. □

参考文献

[1] Barzilai J, Borwein J M. Two-point step size gradient methods. IMA Journal of Numerical Analysis, 1988, 8(1): 141-148.

[2] Bihain A. Optimization of upper semidifferentiable functions. Journal of Optimization Theory and Applications, 1984, 44(4): 545-568.

[3] Bonnans J F, Gilbert J C, Lemaréchal C, Sagastizábal C A. A family of variable metric proximal methods. Mathematical Programming, 1995, 68(1-3): 15-47.

[4] Byrd R H, Nocedal J, Schnabel R B. Representations of quasi-Newton matrices and their use in limited memory methods. Mathematical Programming, 1994, 63(1): 129-156.

[5] Byrd R H, Lu P H, Nocedal J, Zhu C Y. A limited memory algorithm for bound constrained optimization. SIAM Journal on Scientific Computing, 1995, 16(5): 1190-1208.

[6] Calamai P H, Moré J J. Projected gradient methods for linearly constrained problems. Mathematical Programming, 1987, 39(1): 93-116.

[7] Charalambous C, Conn A R. An efficient method to solve the minimax problem directly. SIAM Journal on Numerical Analysis, 1978, 15(1): 162-187.

[8] Clarke F H. Optimization and nonsmooth analysis. Society for Industrial and Applied Mathematics, 1983.

[9] Conn A R, Gould N I M, Toint P L. Trust region methods. Society for Industrial and Applied Mathematics, 2000.

[10] Correa R, Lemaréchal C. Convergence of some algorithms for convex minimization. Mathematical Programming, 1993, 62(1): 261-275.

[11] Dai Y H, Yuan Y. A nonlinear conjugate gradient method with a strong global convergence property. SIAM Journal on Optimization, 1999, 10(1):177-182.

[12] Dai Y H, Zhang H. Adaptive two-point stepsize gradient algorithm. Numerical Algorithms, 2001, 27(4): 377-385.

[13] Dem'yanov V F, Malozemov V N. Introduction to minimax. John Wiley & Sons, 1974.

[14] Facchinei F, Kanzow C. On unconstrained and constrained stationary points of the implicit Lagrangian. Journal of Optimization Theory and Applications, 1997, 92(1): 99-115.

[15] Fischer A. New constrained optimization reformulation of complementarity problems. Journal of Optimization Theory and Applications, 1998, 97(1): 105-117.

[16] Fletcher R. Practical method of optimization, Vol I: unconstrained optimization, 2nd edition. New York: Wiley, 1997.

[17] Fletcher R, Reeves C M. Function minimization by conjugate gradients. The Computer Journal, 1964, 7(2): 149-154.

[18] Fukushima M. A descent algorithm for nonsmooth convex optimization. Mathematical Programming, 1984, 30(2): 163-175.

[19] Fukushima M. 非线性最优化基础. 林贵华译. 北京: 科学出版社, 2011.

[20] Infeld L, Hull T E. The factorization method. Reviews of modern Physics, 1951, 23(1): 21.

[21] Grothey A. Decomposition methods for nonlinear nonconvex optimizaiton problems. PhD thesis, University of Edinburgh, 2001.

[22] Gupta N. A higher than first order algorithm for nonsmooth constrained optimization. Ph. D. thesis, Department of Philosophy, Washington State University, Pullman, WA, 1985.

[23] Haarala N, Miettinen K, Mäkelä M M. New limited memory bundle method for large-scale nonsmooth optimization. Optimization Methods and Software, 2004, 19(6): 673-692.

[24] Haarala N, Miettinen K, Mäkelä M M. Globally convergent limited memory bundle method for large-scale nonsmooth optimization. Mathematical Programming, 2007, 109(1): 181-205.

[25] Hager W W, Zhang H. A new conjugate gradient method with guaranteed descent and an efficient line search. SIAM Journal on Optimization, 2005, 16(1):170-192.

[26] Hager W W, Zhang H. Algorithm 851: CG_{descent}, a conjugate gradient method with guaranteed descent. ACM Transactions on Mathematical Software, 2006, 32(1): 113-137.

[27] Hestenes M R, Stiefel E. Methods of conjugate gradients for solving linear

systems. Journal of Research of the National Bureau of Standards, 1952, 49: 409-436.

[28] Hiriart-Urruty J B, Lemmaréchal C. Convex analysis and minimization algorithms I. Berlin, Heidelberg: Spring-Verlag, 1983.

[29] Hiriart-Urruty J B, Lemmaréchal C. Convex analysis and minimization algorithms II. Berlin, Heidelberg: Spring-Verlag, 1983.

[30] Hock W, Schittkowski K. Test examples for nonlinear programming codes. Journal of Optimization Theory and Applications, 1980, 30(1): 127-129.

[31] Kanzow C. An active-set type Newton method for constrained nonlinear equations complementarity: applications//Ferris M C, Mangasarian O L, Algorithms, Extensions, and Pang J S. Kluwer Academic Publishers, Dordrecht,Holland, 2001: 179-200.

[32] Kelley Jr J E. The cutting-plane method for solving convex programs. Journal of the Society for Industrial and Applied Mathematics, 1960, 8(4): 703-712.

[33] Lemaréchal C, Strodiot J J, Bihain A. On a bundle algorithm for nonsmooth optimization. Nonlinear programming, 1981, 4(0): 285-291.

[34] Kiwiel K C. An ellipsoid trust region bundle method for nonsmooth convex minimization. SIAM Journal on Control and Optimization, 1989, 27(4): 737-757.

[35] Kiwiel K E. Methods of descent for nondifferentiable optimization. Lecture Notes in Mathematics, vol.1133. Berlin: Springer, 1985.

[36] Lemarechal C. Nonsmooth optimization and descent methods, Report RR-78-4. International Institute for Applied System Analysis, Laxenburg, Austria, 1978.

[37] Liu Y, Storey C. Efficient generalized conjugate gradient algorithms, part 1: theory. Journal of optimization theory and applications, 1991, 69(1): 129-137.

[38] Lukšan L, Vlček J. A bundle-Newton method for nonsmooth unconstrained minimization. Mathematical Programming, 1998, 83(1-3): 373-391.

[39] Lukšan L, Vlček J. Globally convergent variable metric method for convex nonsmooth unconstrained minimization. Journal of Optimization Theory and Applications, 1999, 102(3):593-613.

[40] 马昌凤. 最优化方法及其 Matlab 程序设计. 北京: 科学出版社, 2010.

[41] Mäkelä M M, Neittaanmäki P. Nonsmooth optimization. World Scientific, 1992.

[42] Mifflin R. A modification and an extension of Lemar é chal’ s algorithm for nonsmooth minimization. Nondifferential and Variational Techniques in Optimization, 1982: 77-90.

[43] Nocedal J, Yuan Y. Combining trust region and line search techniques. Advances in Nonlinear Programming, (Kluwer, 1998), ed. Y. Yuan: 153-175.

[44] Polak E, Ribière G. Note sur la convergence de directions conjugées, Rev. Franaise Informat. Recherche Opértionelle, 1969, 16: 35-43.

[45] Polyak B T. The conjugate gradient method in extremal problems. USSR Computational Mathematics and Mathematical Physics, 1969, 9(4): 94-112.

[46] Powell M J D. A fast algorithm for nonlinearly constrained optimization calculations. Numerical analysis. Berlin Heidelberg: Springer, 1978: 144-157.

[47] Qi H, Qi L, Sun D. Solving KKT system via the trust region and the conjugat gradient method. SIAM Journal on Optimization, 2004, 14: 439-463.

[48] Qi L. Convergence analysis of some algorithms for solving nonsmooth equations. Mathematics of operations research, 1993, 18(1): 227-244.

[49] Qi L, Tong X J, Li D H. Active-set projected trust-region algorithm for box-constrained nonsmooth equations. Journal of Optimization Theory and Applications, 2004, 120(3): 601-625.

[50] Qi L, Wei Z, Yuan G. An active-set projected trust-region algorithm with limited memory BFGS technique for box-constrained nonsmooth equations. Optimization, 2013, 62(7): 857-878.

[51] Rockafellar R T. Convex analysis. Princeton: Princeton University Press, 1970.

[52] Shor N Z. Minimization methods for non-differentiable functions. Springer Science & Business Media, 2012.

[53] Vlček J, Lukšan L. Globally convergent variable metric method for nonconvex nondifferentiable unconstrained minimization. Journal of Optimization Theory and Applications, 2001, 111(2): 407-430.

[54] 王宜举, 修乃华. 非线性最优化理论与方法 (第 2 版). 北京: 科学出版社, 2015.

[55] Womersley J. Numerical methods for structured problems in nonsmooth optimization. Ph. D. thesis, Mathematics Department, University of Dundee, Dundee, Scotland, 1981.

[56] Yuan G, Lu X. A new backtracking inexact BFGS method for symmetric nonlinear equations. Computers & Mathematics with Applications, 2008, 55(1):

116-129.

[57] Yuan G, Lu X, Wei Z. BFGS trust-region method for symmetric nonlinear equations. Journal of Computational and Applied Mathematics, 2009, 230(1): 44-58.

[58] Yuan G, Meng Z, Li Y. A modified Hestenes and Stiefel conjugate gradient algorithm for large-scale nonsmooth minimizations and nonlinear equations. Journal of Optimization Theory and Applications, 2016, 168(1): 129-152.

[59] Yuan G, Sheng Z, Liu W. The modified HZ conjugate gradient algorithm for large-Scale nonsmooth optimization. PloS one, 2016, 11(10): e0164289.

[60] Yuan G, Wei Z. A modified PRP conjugate gradient algorithm with nonmonotone line search for nonsmooth convex optimization problems. Journal of Applied Mathematics and Computing, 2016, 51(1): 397-412.

[61] Yuan G, Wei Z. The Barzilai and Borwein gradient method with nonmonotone line search for nonsmooth convex optimization problems. Mathematical Modelling & Analysis, 2012, 17(2): 203-216.

[62] Yuan G, Wei Z, Li G. A modified Polak-Ribière-Polyak conjugate gradient algorithm with nonmonotone line search for nonsmooth convex minimization. Journal of Computational and Applied Mathematics, 2014, 255: 86-96.

[63] Yuan G, Wei Z, Wang Z. Gradient trust region algorithm with limited memory BFGS update for nonsmooth convex minimization. Computational Optimization and Applications, 2013, 54(1): 45-64.

[64] 袁亚湘, 孙文瑜. 最优化理论与方法. 北京: 科学出版社, 1997.

[65] Zhang H, Hager W W. A nonmonotone line search technique and its application to unconstrained optimization. SIAM Journal on Optimization, 2004, 14(4): 1043-1056.

[66] Zhang L, Zhou W, Li D. A descent modified Polak-Ribière-Polyak conjugate method and its global convergence. IMA Journal of Numerical Analysis, 2006, 26(4): 629-640.

[67] Zhu D. Nonmonotone backtracking inexact quasi-Newton algorithms for solving smooth nonlinear equations. Applied Mathematics and Computation, 2005, 161(3): 875-895.

索　　引